电机与电气控制技术研究

刘 攀 著

吉林科学技术出版社

图书在版编目（CIP）数据

电机与电气控制技术研究 / 刘攀著. -- 长春 : 吉林科学技术出版社, 2022.8

ISBN 978-7-5578-9353-8

Ⅰ. ①电… Ⅱ. ①刘… Ⅲ. ①电机学一研究②电气控制一研究 Ⅳ. ①TM3 ②TM921.5

中国版本图书馆CIP数据核字（2022）第113570号

电机与电气控制技术研究

著　　刘　攀
出版人　宛　霞
责任编辑　程　程
封面设计　刘婷婷
制　　版　张　冉
幅面尺寸　185mm×260mm
开　　本　16
字　　数　270千字
印　　张　12.125
印　　数　1-1500册
版　　次　2022年8月第1版
印　　次　2022年8月第1次印刷

出　　版　吉林科学技术出版社
发　　行　吉林科学技术出版社
地　　址　长春市南关区福祉大路5788号出版大厦A座
邮　　编　130118
发行部电话/传真　0431-81629529　81629530　81629531
81629532　81629533　81629534
储运部电话　0431-86059116
编辑部电话　0431-81629510
印　　刷　廊坊市印艺阁数字科技有限公司

书　　号　ISBN 978-7-5578-9353-8
定　　价　68.00元

前 言

随着产业国际竞争的加剧和电子信息科学技术的飞速发展，电气工程及其自动化领域的国际交流日益广泛，而对能够参与国际化工程项目的工程师的需求越来越迫切，这自然对高等学校电气工程及其自动化专业人才的培养提出了更高的要求。电机与电气控制是推动生产力发展与科技进步的基础支撑，两者在电能转化、军事、医疗、信息等多个领域均具有重要应用。

《电机与电气控制技术》是机电、自动控制系统、电气工程及自动化等专业必修的基础课程之一，其教学目的在于帮助学生掌握电机与电气控制的基础理论、技术原理以及分析运算方法，培养维修技能和专业应用能力，成为满足社会技术需求的实干型专业人才。本书以交、直流电机的控制为主线，并以三相异步电机的控制为主，穿插一些控制电机和变压器的相关知识，还对电气控制原理图的设计以及实际运用中常用的电气维护检修、电气接线图等知识也做了适当的介绍。以期帮助读者具备分析问题、解决问题的能力和进行简单电气控制系统设计的能力。

本书作者刘攀，毕业于河北工程大学，就职于晋中信息学院，已从事教育工作九年，主要担任电气工程及其自动化专业核心课程的教学。发表论文 20 余篇；主持省级教改项目 1 项，主持十四五规划课题 1 项，参与省级项目 3 项；参编规划教材 2 部；实用新型专利 1 项。多次指导学生参加学科竞赛，获大学生电子设计竞赛省级二等奖 2 项、三等奖 2 项。工作期间，荣获晋中信息学院远景骨干教师奖 3 次、远景杰出教师奖 2 次。

由于编者水平有限，书中可能存在缺点和错误，敬请读者及同行批评指正。

前言

目　录

第一章　电气工程概述……1

第一节　电气工程的地位和作用……1

第二节　发电厂和电力系统……3

第三节　分布式发电与微网简介……8

第四节　电气自动化中的控制技术……14

第二章　直流电动机……17

第一节　直流电机的基本知识……17

第二节　直流电动机的机械特性……26

第三节　生产机械的负载特性……30

第四节　直流电动机的电力拖动……32

第三章　三相异步电动机……43

第一节　三相异步电动机的工作原理和基本结构……43

第二节　三相异步电动机的定子和转子电路……49

第三节　三相异步电动机的机械特性……54

第四节　三相异步电动机的电力拖动……58

第四章　变压器……62

第一节　变压器概述……62

第二节　变压器的空载运行……66

第三节　变压器的负载运行……70

第四节　变压器的阻抗变换……72

第五节　变压器的运行特性分析……73

第六节　特殊变压器……75

第五章　常用低压电器……79

第一节　概述……79

第二节　接触器……81

第三节　控制继电器……84

第四节　其他常用电器……100

第六章　驱动和控制电机……105

第一节　单相异步电动机……105

第二节　单相串激电动机……111

第三节　测速发电机……113

第四节　伺服电机……116

第七章　实用电气控制……123

第一节　车床的电气控制……123

第二节　钻床的电气控制……145

第三节　磨床的电气控制……149

第四节　摇臂钻床的电气控制……154

第五节　铣床的电气控制……159

第六节　镗床的电气控制……166

第八章　典型单相异步电动机控制线路的分析与检修……173

第一节　空调器起动控制线路的分析与检修……173

第二节　研磨机调速控制线路分析与检修……178

第三节　洗衣机正反转控制线路分析与检修……182

参考文献……186

第一章　电气工程概述

第一节　电气工程的地位和作用

电力系统是由发电厂（不包括动力部分）、变电所、输配电线路和用电设备有机连接起来的整体，它包括了从发电、变电、输电、配电直到用电的整个过程。发电厂生产的电能，一般先由电厂的升压站（升压变电所）升压，经高压输电线路送出，再经过变电所若干次降压后，才能供给用户使用。本章对电力系统的相关基本知识、电力工业的发展概况、发电厂和变电所的类型以及生产过程等进行讲述。

一、电力工业与国民经济的关系

能源是社会发展的基础物质。随着社会生产力的不断发展，人类消耗能源越来越多，且所利用能源的种类更为多样化。其中煤、石油、天然气、太阳能等可为人类直接利用，称之为一次能源；一次能源转换为二次能源为人类大量使用，我们将这一转化的工业产业称之为电力工业。

在现代化建设中，电能是最主要的动力能源，在工业、农业、交通和国防等各领域应用广泛，人们日常生活中，没有电是很难想象的。电子设备是现代社会的灵魂，电能当然是人类不可缺少的文明基础物质，电能已经像粮食、蔬菜一样成为我们生活中必不可少的一部分。因此，社会文明程度越高，人类的生产和生活就越离不开电能。电力工业和国民经济有着紧密的关系。由于它是其他工业的基础，因此，电力的发展反映国家的总体经济水平；人均耗电量是反映一个国家现代化程度的高低。

根据统计表明：国民经济只要增长 1%，所对应的电力工业要增长 1.3% ~ 1.5% 才能满足各个行业的快速稳定增长。不难看出，电力已经成为国民经济的命脉。我们应该牢牢抓住时代的机遇，大力发展电力工业，以促进社会进步、综合国力增强和人们生活水平的不断提高。

二、我国电力工业发展简介

我国电力工业的发展极为曲折。打开历史的卷轴我们发现，19世纪中后期，法国率先在巴黎北火车站附近建成了世界上第一座火力发电厂。几年之后，在我国上海南京路建成了中国第一座发电厂。在这一点上，可以说中国电力与世界电力几乎是同时起步的。

新中国的建立使我国的电力工业得到了飞速的发展。改革开放以来，我国电力工业得到了长足的发展，在电源建设和电网建设等方面均取得了令世人瞩目的成就。目前，我国电力工业进入“大”“超”“高”时代，即“大机组”“大电网”“超高压”“高自动化”的发展新阶段。我们国家的电力发展一直紧跟世界潮流，目前调度自动化、光纤通信、计算机控制等高科技技术在我国已得到广泛应用。

举世瞩目的三峡工程的建成，为我国电力工业的发展注入了强大的活力并将产生深远的影响。三峡水电厂总装机容量为18200MW，是此前世界上最大的巴西伊泰普水电厂的1.4倍，因此三峡水电厂为当今世界上最大的水力发电厂。三峡工程的成功建设标志着我国水下探测、水下施工以及设备制造均已达到先进的水平。

我国的电网建设，在经历了20世纪50～60年代建成110～220kV省级高压电网之后，70年代建成了西北330kV超高压区域电网。80年代建成的平顶山至武昌的第一条500kV输电线路，使我国的超高压输电技术达到了一个新的水平。如今我国已建成了以500kV超高压输电线路为骨干网架的东北、华北、华中、华东、南方电网以及以330kV超高压输电线路为骨干网架的西北电网等六大区域电网，区域电网之间又通过交流、直流或者交、直流混合形式相联系，形成了跨区域联合电网。随着晋东南-南阳-荆门1000kV特高压交流试验示范工程的建成投产，次年向家坝至上海±800kV特高压直流示范工程取得了圆满的成功，这无不标志着我国的特高压电力输送技术已经十分成熟。

我国电力工业发展的方针一方面是优先开发水电，积极发展火电，稳步发展核电，因地制宜地利用其他可再生能源发电，搞好水电的“西电东送”和火电的“北电南送”建设，建设坚强的智能电网；另一方面，要继续深化电力体制改革，实施厂网分开，实行竞价上网，建立起竞争、开放、规范的电力市场。根据国家电网公司调查，2020年我国电力总装机容量在2010年的基础上再翻一番，达到1800GW。同时建成以华北、华中和华东地区为核心，连接各大区域电网和主要负荷中心的1000kV特高压智能骨干电网，届时我国电网规模将跃居世界第一。中国不仅成为世界电力大国，还将成为世界电力强国。

第二节　发电厂和电力系统

一、发电厂

发电厂的职责是生产电能，其主要任务是将一次能源转化为二次能源。根据所使用的一次能源的不同，发电厂的分类也不同。如燃烧煤的火力发电厂、利用水能的水电厂、利用核能的核电厂等。当下，火力发电是最主要的发电模式，火电设备容量占比超过 70%，核能发电设备容量则不足 10%。

火力发电资源是天然原料，这些原料的形成长达几亿年时间，它们不仅是能量的提供者，还是很珍贵的化工原料，为了节约这些有多种用途的重要资源，除了积极发展水力发电、核动力发电之外，还应致力于开发新的发电模式，如潮汐发电、地热发电、太阳能发电、风力发电技术等。

使用新能源发电和新方式发电的技术还处于试验阶段，在经济上成本也太昂贵，因此尚不能与传统的发电方式媲美。但是，随着技术的不断进步和能源资源构成的不断改变，最后必然会广泛用于发电生产中。

（一）火力发电厂

火力发电厂的燃料分为煤、石油、天然气，欧美国家燃油电厂居多，但受世界石油危机和油价不断波动等影响，燃煤电厂的数量也日趋增多。我国只有很少几个燃油电厂，从目前我国能源资源实际构成情况以及为了发挥资源的最佳经济效益出发，除今后不再建燃油电厂外，已有的燃油电厂应该改造成燃煤电厂。

火电厂从模式上可分为凝汽式火电厂和热电厂。凝汽式火电厂是单一生产电能的火电厂。凝汽式火电厂可建在燃料产地，电厂容量也可以很大。热电厂既生产电能，又向用户提供热能。热电厂与凝汽式火电厂的不同之处主要在于：热电厂汽轮机中有一部分作过功的蒸汽，从中间段抽出供给热力用户，或经热交换器将水加热后，把热水供给用户。这样，便可减少被循环水带走的热量损失。现代热电厂的效率高达 60% ~ 70%。热电厂供热存在距离限制，故热电厂一般建在邻近热负荷的地区，容量也不大。

（二）水力发电厂

由于水能源源不断，可重复利用，因此建设水力发电厂，用水的位能发电历来具有强烈的吸引力。

水电厂的发电容量 P 与水位差（落差）H 和流量 Q 成正比。为了充分利用水能，人们针对河流的自然条件建造适合于河流特点的人工建筑物，以期得到尽可能大的落差。按集中落差方式不同，水电厂的开发模式分为堤坝式、引水式和混合式。

为了高效率运行，有些水电厂在下游增设一个大的储水池，白天电力系统负荷处于高峰时电厂发电，并把发过电的水存入储水池，夜间低负荷时把储水池内的水再抽回水库，这一过程把电能再变成水的位能，以备下一次白天负荷高峰时再发电，这种发电方式称为抽水蓄能电厂。

我国有丰富的水资源，据调查，全国水利资源蕴藏量达 6.8 亿 kW，可利用量约为 3.78 亿 kW。特别是黄河、长江水系集中了我国的主要水利资源，仅就三峡而言，约可装机 2500 万 kW。

（三）核电厂

太阳之所以发光，所燃烧的就是核能，可见核能的威力十分巨大。核能是科学家经过大量实验而发现的一种新型能源，我国已经投建了模拟太阳发光的核反应器，称之为“人造太阳”，一旦成功将是科学界的又一大进步。

我国第一座核电厂投入运行，从此核电工业迅速崛起。与其他电力工业相比较，核电工业建设速度极快。核电厂把核裂变能转化为热能，再按火电厂的方式发电。只不过它以核蒸汽发生装置代替了蒸汽锅炉，核蒸汽发生装置除蒸汽发生器、泵等外，主要是原子核反应堆。反应堆中除核燃料外，以重水或高压水等作为慢化剂和冷却剂，反应堆又可分为重水堆和压水堆等。

（四）地热发电

地下水资源在地下深处被加热，这就是地热资源。根据地质条件不同，热水温度约在几十度到几度，如我国西藏羊八井地热电厂水温约 150℃。利用这种低温热能发电有两种方式：一种方式是通过减压扩容法将地下热水变为低压蒸汽，供汽轮机做功；另一种方式是用地下热水加热低沸点的特殊工质，使其变成气体对汽轮机做功。

（五）潮汐电厂

海水潮汐现象蕴含着巨大的能量。利用这种能量发电的电厂就是所谓的潮汐电厂。潮汐发电需要建设拦潮堤坝，还需要特别的地形条件，以及足够的潮汐潮差和较大的容水区。理想的建厂地点是海岸边或河口地区，蓄积大量海水，降低产电成本。

（六）风能发电厂

风力发电是一种完美的发电模式。近年来我国也鼓励风力发电，并给予优惠政策。风能取之不尽，但质量差。为了取得稳定的电能一般需与蓄电池并联运行。大型风力发电机的研制方向是提高可靠性和降低成本。

二、电力系统

（一）电力系统的形成

电能应用广泛，我们能够通过一定的方式，方便快捷将一次能源转化为电能，是应用非常广泛的二次能源，它能够方便而经济地从蕴藏于自然界中的一次能源中转换而来。电能转换容易、输送方便、容易控制，所以电能广泛地应用于社会生活的各个领域，成为现代工农业、交通运输业、国防科技领域等的重要能源，在国民经济中占有十分重要的地位。

电能是由发电厂按生产需求建设合适的发电机组。在电力工业发展初期，由于对电能的需求量不大，发电厂都建在用户附近，规模很小，各发电厂之间没有任何联系，彼此都是孤立运行的。随着工农业生产的发展和科学技术的进步，对电力的需求量日益增大，且对供电可靠性的要求也越来越高，显然单个独立运行的发电厂是无法达到这些基本要求的。为此，需要建设大容量的发电厂以满足日益增长的用电需求，并通过各发电厂之间的相互联系，来提高供电的可靠性。为了节省燃料的运输费用，大容量发电厂需要建在燃料相对充分的地区、水资源充沛的地带，但是电力用户并不集中，且同一地区又有地势高低的差别。因此需要完善电力设备和线路才能将电稳定地输送到各地。为了实现电能的经济运输需要建设升压变电所，为了满足用户的需求，需要建设降压变电所。

将各类发电厂通过升压和降压，经过输配电线路最后到达用户，这一过程将发电站和用户串联起来，而形成统一的整体，我们将这个整体称之为电力系统，如图 1-1 所示。

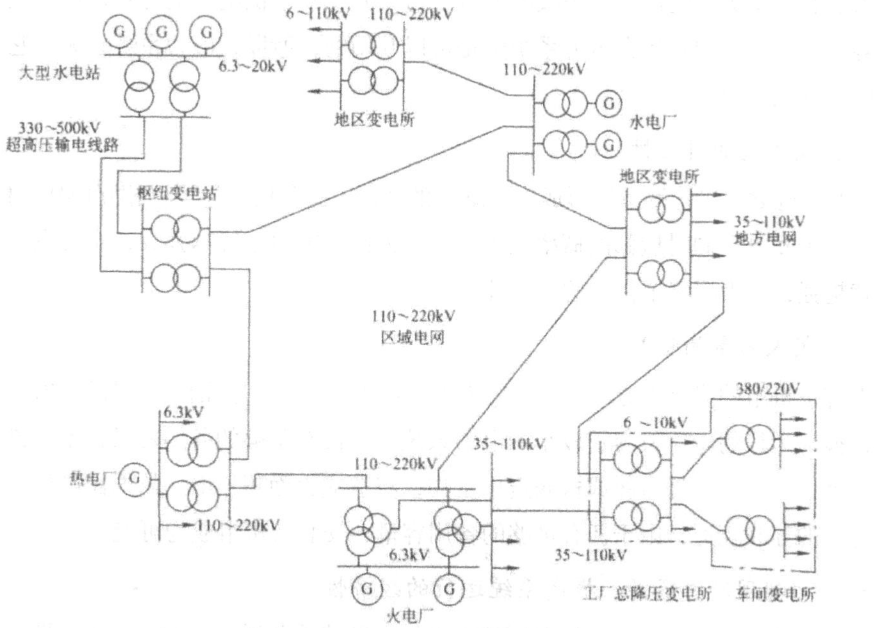

图 1-1　电力系统示意图

电力系统中除去发电厂和电力用户，中间的是连接部分，我们将连接部分称之为电力网（power，network）或电网，它由各级电压的电力线路及其联系的变配电所组成。电力网的最大功用是输送功能，保障了发电厂和电力用户之间的有效联通。根据电力输送的距离可将电网分为地方电力网、区域电力网及超高压远距离输电网三种类型。地方电力网的电压为 110kV 以下，输送功率小，输电距离短，主要供电给地方负荷，一般工矿企业、城市和农村乡镇配电网络属于这种类型。区域电力网的电压为 110kV 以上，输送功率大，输电距离长，主要供电给大型区域性变电所，目前在我国，区域电力网主要是 220kV 级的电力网，基本上各省（区）都有。超高压远距离输电网由电压为 330 ~ 500kV 及以上的远距离输电线路所组成，它的主要任务是把远处发电厂生产的电能输送到负荷中心，同时还联系若干区域电力网形成跨省（区）的大电力系统，例如我国的华北地区、华东地区等电力网就属于这种类型。但电压为 110kV 的电力网属于地方电力网还是区域电力网要视其在电力系统中的作用而定。

（二）建立大型电力系统（联合电网）的优点

1. 减少系统的总装机容量

由于地域和时差的关系，它们达到最大负荷出现的时间不同。为了实现互联互通，组成的联合电网，其最大负荷小于原有各电网最大负荷之和，因而可以减少全网对总装机容量的需求。

2. 减少系统的备用容量

为了有效避免发电机组出现故障或者电力检修中断了供电，电力系统往往装备一定的备用容量。由于备用容量在电力系统中是可以互用的，所以，电力系统越大，它在总装机容量中占的比例越小。

3. 提高供电的可靠性

互联互通之后，各发电厂形成一个统一的系统，其备用容量可以相互协作，相互支援，系统中多个发电厂同时检修的概率几乎为零，因此，电力系统越强大，对突发事件的抵抗能力就越强，大大提高了供电的可靠性。

4. 安装大容量的机组

大容量机组的优点十分突出，主要表现为：效率高；占地面积少；投资和运行费用低。但是，孤立运行的电厂或容量较小的电力系统，因没有足够的备用容量，不允许采用大机组，否则，一旦机组因事故或检修退出工作，将造成大面积停电，给国民经济带来严重损失。电厂的互联互通，由于拥有足够的备用容量，安装大机组成为可能。

5. 合理利用动力资源，提高系统运行的经济性

由于季节性的限制，水力发电厂的发电量会随着季节浮动较大，在丰水期水量过剩，

枯水期则水量短缺。组成大型电力系统后，水、火电厂联合运行，可以灵活调整各电厂的发电量，提高电厂设备的利用率。例如，在丰水期让水电厂多发电，火电厂少发电并适当安排机组检修；而在枯水期让火电厂多发电，水电厂少发电并安排检修。这样互相调节后，可充分利用水力资源，减少煤炭消耗，从而提高电力系统运行的整体经济效益。此外，水电厂进行增减负荷的调节比较简单，宜作为调频厂，因而有水电厂的系统调频问题比较容易解决。

综上所述，很多发达国家都建立起了全国统一的电力系统，有的国家之间也建立了跨国联合电力系统。在此大背景下，我国电力改革已经开始落实，目前已经形成东北、华北、华东、华中、西北、南方共6个跨省（区）电网。

（三）电力系统的基本参量

电力系统可以用以下基本参量加以描述：

1. 总装机容量

总装机容量是指系统中所有发电机组额定有功功率的总和，以MW·h、GW·h、TW·h计。

2. 年发电量

年发电量是指系统中所有发电机组全年发出电能的总和，以MW·h、GW·h、TW·h计。

3. 最大负荷

最大负荷是指规定时间（一天、一月或一年）内电力系统总有功功率负荷的最大值，以MW、GW计。

4. 额定频率

我国规定的交流电力系统的额定频率为50Hz。

5. 电压等级

电压等级是指系统中电力线路的额定电压，以kV计。

（四）电力系统运行的特点

电能与其他工业生产相比，其特性表现如下：

1. 存储量小

电力系统是简单的生产和消耗的关系，电能从生产到消耗的全过程，是流水式的过程，又由于电能传输速度极快，所以成产、运输、分配和消耗几乎是同时进行的。发电厂生产的电能在任何时候都等于用户所消耗的电能和中途所损耗的电能之和。

虽然人们进行了大量的试验和探索，但是仍未能完全解决经济、高效以及大容量电能的存储问题。因此，电能不能大量存储是电能生产的最大特点。

2. 过渡过程十分短暂

电能是以电磁波的方式传播的，速度极快，因此电力系统一旦发生变化，其过渡十分短暂。例如，开关的切换操作、电网的短路等过程，都是在瞬间完成的。因此，在电力系统中，安装各种自动装置或采用计算机调控才能快速而准确地完成调整。

3. 关乎国计民生

电能生产与国民经济各部门和人民的日常生活关系密切，息息相关。电能供应不足或中断不仅会给国民经济造成巨大损失，给人民生活带来不便，甚至还会酿成极其严重的社会性灾难。

（五）对电力系统的基本要求

电能是国家的命脉，无论是居民用电还是商业用电，对电力系统的基本要求有：①保证供电的可靠性，保证供电的可靠性是电力系统运行中一项极为重要的任务。因为供电中断将会使生产停顿、生活混乱，甚至危及人身和设备安全，造成十分严重的后果。②保证良好的电能质量，电能质量是指电压，频率和波形的质量。电能质量的优劣对设备寿命和产品质量等有较大的影响。③为用户提供充足的电能，电力系统要为国民经济的各个部门提供充足的电能，最大限度地满足用户用电的需求。④提高电力系统运行的经济性，电能是国民经济各生产部门的主要动力。电能生产消耗的能源在我国能源总消耗中占的比重也很大，因此提高电能生产的经济性具有十分重要的意义。

电力系统首先要保证供电的可靠性和电能质量，在满足这两点的前提下应考虑到电力系统运行的经济性，为用户提供充足、廉价的电能。这就是说，要求在电能的生产、输送和分配过程中，效率高、损耗小。为此，应做好规划设计，合理利用能源；采用高效率低损耗设备；采取措施降低网损；实行经济调度等。

综上所述，保证对用户不间断地供给充足、可靠、优质而廉价的电能，是电力系统的基本任务。

第三节　分布式发电与微网简介

一、分布式发电的概念与类型

电力系统的改革是与时俱进的，进入 21 世纪，电力系统逐步发展为集中式发电、远距离输电的大型互联网络系统。但是这种所谓的“大机组、大电网、高电压”的电网结构的缺点也展现出来：投入成本高、运行难度大、不能灵活跟踪负荷变化、局部事故容易扩大等，因此，单纯地扩大电网规模显然不能满足用户对供电可靠性和电能质量越来越高的要求。与此同时，随着国民经济的快速增长，能源问题日益突出，环境污染正在加剧，各个国家都在努力寻找一种能源利用效率高、环境污染少的用能方式。于是，经济、高效、可靠的分布式发电技术应运而生。

分布式发电或分布式电源是指利用各种可用和分散存在的能源，将小型发电设备分散地安装在用户附近进行发电供能的系统，其发电容量通常在 50MW 以下。

目前，我们应用的分布式一次能源包括太阳能、风能、生物质能、小型水能、地热能、海洋能等可再生能源，也包括内燃机、微型燃气轮机、燃料电池、热电联产等不可再生能源。分布式发电技术的主要特点是灵活、经济与环保。但是，某些可再生资源持续性和稳定性不够好，这就难以满足负荷的功率平衡，还需要其他电源的不重合配合。目前，应用比较成熟的分布式发电技术分为以下几种：

（一）风力发电

风能发电完全依赖于风力的大小，风力发电清洁但并不十分可靠。风力发电又可分为离网型和并网型两大类。离网型风力发电是指风力发电机输出的电能经蓄电池储能，再供应给用户使用。并网型风力发电是在风力资源丰富地区，按一定排列方式安装风力发电机组，成为风力发电场，发出的电能全部经变压器送至电网。并网型风力发电场具有大型化、集中安装和控制等特点，是大规模开发风电的主要形式，也是近几年来风电发展的主要趋势。

但是风能极不可控，风电场做功波动较大，且风力对设备有一定的破坏，因此发展风能还需要某些技术上的突破。

（二）太阳能发电

目前，太阳能发电主要利用半导体材料的光伏效应（photovoltaic effect）来发电，将太阳辐射直接转换为电能。太阳能光伏发电系统根据是否并网可以分为并网运行光伏系统和独立运行系统两大类。独立运行的光伏发电系统需要蓄电池作为它的储能装置，主要用于人口较分散地区和无电网的边远地区，如高原地区的移动基站以及牧场的牧民等。在有公共电网的地区，光伏发电系统与电网连接并网运行。光伏发电具有不消耗燃料、规模灵活、不受地域限制、安全可靠、无污染和维护简单等优点，但光伏电池的光电转换效率较低，当然，光伏电池的运作受到空气清洁度和日照强度的影响，光伏发电成本较高。

（三）生物质能发电

所谓生物质能发电，是指利用生物质，如农业、林业和工业废弃物，甚至城市垃圾等，采取直接燃烧或汽化等方式将生物质能转化为电能的一种发电方式。生物质能是世界第四大能源，仅次于石油、煤炭和天然气，具有总量丰富、污染低和分布广泛等诸多优点，是一种可再生的能源，其发电成本低，容易控制。环保综合利用效果好。最大的缺点是能量转化较低，而且获取、存储和供给生物质燃料都比较困难，因此生物质能发电的容量和规模受到限制。

（四）燃料电池发电

燃料电池是化学能转化为电能的装置。在恒温状态下，不经燃烧直接将存储在燃料和氧化剂中的化学能转化为电能的发电装置。燃料电池按电解质可分为聚合电解质膜电池、碱性燃料电池、磷酸型燃料电池、固体电解质燃料电池和熔融碳酸盐燃料电池。目前技术成熟且已商业化的燃料电池为磷酸型燃料电池（Phosphoric Acid Fuel Cells，PAFC）。燃料电池具有效率高、不受负荷变化的影响、清洁无污染、噪声低、安装便捷、经济等优点，当然燃料电池的造价很高，目前技术方面还不够成熟，大规模的应用并没有开展。

（五）微型燃气轮机发电

微型燃气轮机是以天然气、甲烷、汽油、柴油等为燃料的超小型汽轮机，其发电效率可达 30%，如实行热电联产，效率可提高到 75%。微型燃气轮机具有体积小、质量轻、发电效率高、污染小和运行维护简单等特点，是目前最成熟、最具商业竞争力的分布式电源之一。

分布式电源与传统的大电网供能方式相比，具有以下优点：①节能效果好；②环境污染少；③灵活性好；④经济性好；⑤供电可靠性高。

二、分布式电源并网对配电系统的影响

由于分布式电源容量小，一般会并入配电网运行。分布式电源的接入使配电系统从单电源辐射型的网络变为多电源和用户的互联网络，对传统配电系统产生巨大的影响，表现为以下几个方面：

（一）对配电网规划运行的影响

传统配电网的潮流是单向流动的，接入分布式电源后，潮流的大小和方向有可能发生巨大改变，使稳态电压也发生变化，原有的调压方案不一定能满足接入分布式电源后的电压要求。此外，分布式电源位置和容量对电网损耗也有直接影响。随着大量分布式电源的接入，将使配电网规划人员更加难以准确预测负荷的增长情况，从而影响后续规划。

（二）对继电保护的影响

在单电源、辐射型供电网络中，由于只有一个电源向故障点提供故障电流，因此清除故障只需要跳开系统侧的断路器就能完成。引入分布式电源后，配电网成为一个多电源系

统，故障电流的大小、持续时间及其方向均会受到影响，因此，分布式电源将对配电网原有的继电保护产生较大的影响，有可能导致原有保护装置误动或拒动。

（三）对电能质量的影响

由于分布式电源的启动和停运是由用户根据自身需求来控制的，尤其是随着今后分布式电源数量的增多、总量的增大，其并网、下网可能会造成电网的电压发生波动。另外，分布式电源的接入使用了大量的电力电子装置，并网时也可能产生谐波，从而影响电网电能质量。

（四）对系统可靠性的影响

无论是与集中式电源同时供电，还是作为集中式电源的备用电源，分布式电源对供电可靠性都起到积极的作用。但分布式电源也可能对系统可靠性产生不利影响，如果分布式电源与配电网的继电保护配合不好使继电保护误动作，则会降低系统的可靠性。不适当的安装地点、容量和连接方式也会降低配电网可靠性。

三、微网

（一）微网的概念

虽然分布式电源优点较多，其运行成本高、发电输出波动性的缺点也不容忽视，同时，分布式电源相对大电网来说是一个随机不可控电源，因此大系统往往采取限制、隔离的方式来处置分布式电源，以减小其对大电网的冲击。为了协调大电网与分布式电源之间的矛盾，充分发挥分布式发电的经济效益，美国率先提出了微电网（简称微网）的概念。微网（Microgrid）是一种由微电源（分布式电源）、电力电子装置、储能装置和负荷构成的小型发配电系统。微电源负责能源供应（电能与热能）；电力电子装置负责能量的转换，并提供必要的控制；储能装置提供充足的能量储备保证负荷的正常运行。

（二）微网的结构

图 1-2 所示是微网的典型结构，其组成可分为微电源、储能装置、电力电子控制装置和负荷等。图中包括 3 条馈线 A、B 和 C 及 1 条负荷母线，网络整体呈辐射状结构。馈线 A 包含多个分布式电源（DG）、负荷（敏感负荷与热能负荷组成）、储能装置等，热能负荷附近的 DG 既提供电能又提供热能；馈线 C 由多个分布式电源、敏感负荷与储能装置共同组成；馈线 B 仅包含非敏感负荷。馈线 A、C 的敏感负荷在联网时由电网和 DG 共同供电满足其负荷所需；一旦电网出现故障，则由 DG 单独供电满足其负荷需求，从而保证敏感负荷的供电可靠与安全。馈线 B 上为非敏感负荷，在联网时，非敏感负荷正常工作，一旦微网过负荷孤岛运行时，可切断对馈线 B 的供电以保证敏感负荷供电。

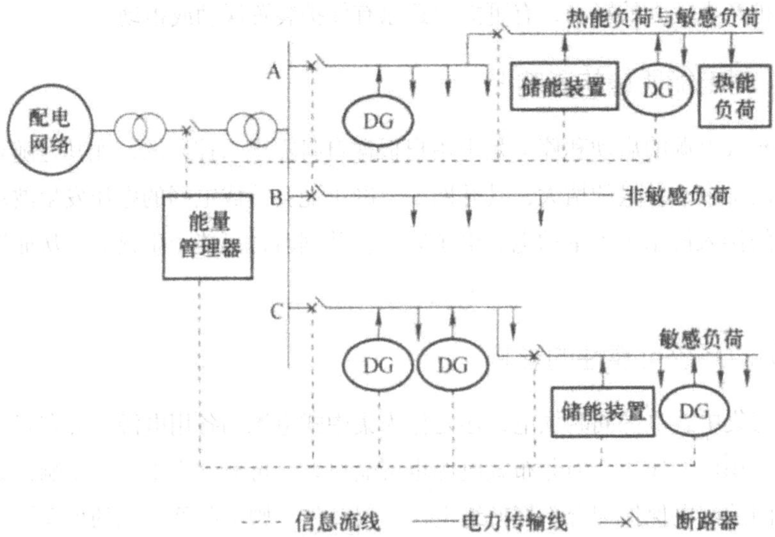

图 1–2　微网的典型结构

（三）微网的运行与控制

微网通过隔离变压器、静态开关与配电网相连。它有两种运行模式：一般情况下，微网与常规配电网并网运行，称为联网模式；当电网出现故障或电能质量不达标时，微网将及时与电网断开而独立运行，称为孤岛模式。在联网模式下，负荷既可以从电网获得电能也可以从微网获得电能，同时微网既可以从电网获得电能也可以向电网输送电能（根据接入电网的准则）；在孤岛模式下，微网要能维持自己的电压和频率，能保证微网自身正常运行。微网在两种模式之间的切换必须平滑而快速。

微网在运行时需要保障用户对电能的质量需求，包括供给电压的稳定和频率的浮动基本稳定。要达到这一要求就需要通过控制微网来实现。

目前，微网常用的整体控制策略有主从控制（master-slave）和对等控制（peer-to-peer），主从控制是将各个 DG 采取不同的控制方法，并赋予不同的职能，其中一个为主电源来检测电网中的各种电气量，并通过通信线路协调控制其他从属 DG 的输出来达到整个微网的功率平衡。对等控制是对各个 DG 采用相同的控制，各 DG 之间是平等关系，微网中的任何一个 DG 在接入或断开时，其他单元的设置都不需要修改，且微电源之间无须任何通信环节，都采用本地变量进行控制，使微网实现了“即插即用”的功能。

微网中的分布式电源普遍使用逆变器为接口的接入方式，其直流侧接电源，交流侧接网络或负载。因此，分布式电源输出电压电流的频率、幅值由接口逆变器的控制方法决定。常用的逆变型分布式电源控制策略有 PQ 控制（PQ control）、下垂控制（Droop control）和 V/f 控制（V/f control）三种方式。

1.PQ 控制

PQ 控制是一种恒功能控制，其控制目的是使分布式电源输出的无功功率和有功功率等于其期望功率。该控制方式需要系统中有维持电压和频率的发电机组，但对电网电压和频率无直接调节作用，微网内的负荷波动、频率和电压扰动由大电网承担，多应用于联网模式。

2. 下垂控制

下垂控制是利用分布式电源输出的有功功率与频率、无功功率与电压幅值各呈线性关系的原理进行控制的。该控制方式不需要微源间的相互通信，就可实现孤岛下微网内电力平衡和频率的统一，类似于传统大电力系统的一次调频过程，常应用于微网的对等控制策略中。

3.V/f 控制

V/f 控制又称为恒压恒频控制，其控制目的是使分布式电源输出的电压和频率保持不变。该控制方式能够为微网提供强有力的电压和频率支撑，并具有一定的负荷跟随特性，主要应用于孤岛模式。该控制方式类似于传统大电力系统的二次调频过程，常应用于微网的主从控制策略中。

（四）微网的发展现状与展望

微电网作为输电网、配电网之后的第三级电网，有效连接了发电侧和用户侧，且可灵活接入大量的分布式能源，并主动参与了电力系统的运行优化，其特点适应了电力发展的需求和方向，有着广阔的发展前景。

近年来，欧洲各国以及美国、日本、加拿大等国都已开展微电网研究开发及示范工程建设工作，有关微电网的理论和实验研究已经取得了一定成果。欧盟的第五、第六研究框架开展微网控制及相关标准制定等方面的深入研究；美国也建立了 CERTS，NREL、GE、MADRIVE R 等系列的微网示范工程，对微网的定义、结构、控制和效益分析等问题进行研究；日本则专门成立了新能源与工业技术发展组织（NEDO），主要研究微网结构、控制策略及热电联产的实现。

我国相关研究机构和高校依托金太阳示范工程、973，863 科技项目，对微电网的概念和关键技术进行了理论研究，也建立了如浙江舟山东福山岛风光储柴海水淡化综合系统、浙江温州南鹿岛分布式发电综合系统、中新天津生态城智能电网综合示范工程微网系统、河南财专分布式光伏发电及微网控制工程、广东珠海东澳岛微电网项目等多个微电网示范工程，针对微电网的控制保护、协调运行、能量管理、运营策略等积累了大量工程经验，对微电网的技术应用和推广起到了较好的推进作用。然而，到目前为止国内外微电网实际工程还是比较少，微电网与大电网之间的快速隔离、并网状态与孤网状态的无缝切换以及微电网内部稳定控制仍是微电网面临的三大核心问题。

第四节 电气自动化中的控制技术

随着我国经济、科技水平的提升，现代电气自动化技术也取得了令人瞩目的成果。作为一种最新研发的技术，PLC 技术凭借其控制效果好、操作简单、能耗低以及灵活性强等优势，极大提升了现代电气自动化整体运行的稳定性和工作效率，使现代电气自动化逐渐向设备一体化、集成化、智能化趋势发展。本节介绍了 PLC 技术的概念及技术特点，重点对其在现代电气自动化工程中的应用展开了深入的分析，以供参考。

PLC 即可编程逻辑控制器，是一种数字运算的电子系统，作为控制技术的整合，一般应用于整个系统的处理器。该系统具有可编程的特性，通常适用于工业环境，在运行适应性和运行能力方面具有显著的特点。现代电气自动化系统中PLC技术的应用已经十分广泛，且取得了新的进展和业绩成效，并形成一个工业操作体系，确保了现代电气自动化的平稳安全运行。随着其技术的不断升级和优化，还需要对其进行展开专业性的应用分析，不断总结应用实践经验，确保控制开关逻辑的顺序性和正确性，这样才能促进 PLC 技术取得新的社会价值与成效。

一、PLC 技术的概念

PLC 技术就是一种可编程的控制器，即在编程操作后，应用能够编程的存储器来做到要求的指令，控制技术是此技术的核心技术。近年来，我国企业能力与社会经济同步提升，电气工程自动化运行稳定可靠，这其中就离不开 PLC 技术的支撑和保障，而且对于推动电气工程的整体良性发展起到了至关重要的作用。PLC 技术主要依靠存储器设备，进而对编制的程序进行存储，并以此为基础开展相应的工作。一般而言，相应内部程序在电气工程当中占据不可替代的地位，而 PLC 技术可以对其进行科学合理的存储，通过应用 PLC 技术可以达成对检验流程和实际操作的持续优化。与此同时，合理应用 PLC 技术，还可以加快数字化技术与智能化技术的融合，有助于相关工作高效开展。

二、现代电气自动化中应用 PLC 技术的优势

PLC 技术主要建立在 PLC 控制系统基础之上，能够带来可靠性和抗干扰优点的稳定性能。首先，相比其他技术，PLC 技术的安全性能独具优势，能够适应各种特殊复杂的压力和环境，很少会受到外界客观因素影响。其次，PLC 在控制系统中拥有较快的反应速度，且它将控制系统中原有附带的机械触电继电器更换为辅助继电器，摒弃了控制系统中的连接导线部分。换言之，可以将继电器节点变位时间视为 0，此时不需要再关注传统继电器

返回系数，保证 PLC 控制系统响应速度可实现大幅度提升。最后，PLC 不易出现故障，即使出现故障也能在较短时间内快速诊断出来，这主要是因为 PLC 控制系统本身是具备故障诊断功能的。当它的外部执行器及输入设备发生故障以后，它会根据 PLC 系统编程软件提供相应数据信息内容，调查故障出现原因并加以解决。

三、PLC 技术在电气工程自动化控制中的具体运用

（一）顺序控制中的应用

随着当前 PLC 相关产品的升级和更新，PLC 技术在应用当中所存在的优势也逐渐体现出来。在很多行业当中都是将其作为顺序控制的一种系统，以此来对系统自动化顺序实现合理的控制。比如，在火电厂当中，完全可以借助和采取 PLC 技术达成对飞灰或者炉渣的智能化清除。在这当中，对于 PLC 技术可以当作自动化顺序器的作用。

（二）控制模拟量中的应用

在现阶段我国现代化工业生产中，现代电气自动化相关参数存在大量的模拟量，如工作环境变化、温度变化、速度变化、旋转速率变化、压力变化等等，要想对模拟量达到个性化和自动化控制，还需要引入 PLC 技术，利用 PLC 适用性强、功能完善的特点，依托 PLC 的 FROM 指令以及 TO 指令对控制目的单元进行设定。编写控制代码基于正确的输出接线和电压电流输出，控制目的模拟量的变化。引用 PCL 技术有助于在现代电气自动化中便捷控制相关变量，解决传统电气设备运行过程中无法对模拟量控制的不足。同时基于数字化控制大幅提升模拟量与数字化的转换效率，全方位提升其自动化控制精度和进程。

（三）闭环控制

众所周知，现代电气自动化运行过程中，常常会牵扯到电机的启动行为，而且不可避免。这就需要经常应用自动启动、机旁屏启动、手动启动。而电气工程自动化 PLC 技术的核心在于能够实现闭环控制，与 PLC 技术的闭环控制相关的技术包括电子调节单位、转速测量、电液执行。该环节衔接紧密，不仅可以实现对调节器有效控制，还可以促进转速测量的合理进行，并做好泵机运行状况的数据采集工作，确保为选取合理的备用泵提供助力。

（四）数据处理中的应用

PLC 数据处理在现代电气自动化中主要包括数据传输指令的应用、数据比较指令的应用、数据位移指令的应用、数据运算指令的应用、数据转换指令的应用和数据表指令的应用。在现代电气自动化中，数据的处理表现尤为重要，数据的处理能力体现了自动化水平的高低。引入 PLC 技术，利用移动数据储存单元的移出端与另一端相连，构建循环数据位移路径依据整数运算指令进行逻辑运算，完成数据类型的相互转换，最终为数据处理及

现代电气自动化推进带来技术保障。

总而言之，PLC 技术具有抗干扰强、高度灵活性和可靠性等诸多优势，不仅能提升控制系统的反应速度，还能推进电气控制工程的智能化。为此应该在现代电气自动化控制系统的应用中，不断加强研究、分析和推广，进一步提升可信度与抗干扰能力，促进现代电气自动化稳定运营和长足发展。

第二章　直流电动机

直流电机是利用电磁感应原理实现直流电能和机械能相互转换的电磁装置。将直流电能转换成机械能的电机称为直流电动机，反之则称为直流发电机。直流电动机具有调速范围广且平滑，起、制动转矩大，过载能力强，易于控制的优点，常用于对调速有较高要求的场合。本章主要介绍直流电动机的基本结构和工作原理、电枢绕组的基本结构和磁场以及直流电动机的基本方程和工作特性、机械特性及由他励直流电动机组成的直流电力拖动系统。

第一节　直流电机的基本知识

直流电机是一种通过磁场的耦合作用实现机械能与直流电能相互转换的旋转式机械，包括直流发电机和直流电动机。将机械能转换为电能的是直流发电机，将电能转换为机械能的是直流电动机。

与交流电机相比，直流电机结构复杂、成本高、运行维护较困难。但直流电动机调速性能好，启动转矩大，过载能力强，在启动和调速要求较高的场合仍获得广泛应用。作为直流电源的直流发电机虽已逐步被晶闸管整流装置所取代，但在电镀、电解行业中仍被继续使用。

直流电机是根据导体切割磁感线产生感应电动势和载流导体在磁场中受到电磁力的作用这两条基本原理制造的。因此，从结构上看，任何电机都包括磁路和电路两部分；从原理上讲，任何电机都体现了电和磁的相互作用。

一、直流电机的工作原理

1. 直流发电机工作原理

图 2-1 所示是两极直流发电机模型，可说明直流发电机的基本工作原理。图中，N、S 是一对固定不动的磁极。磁极可以由永久磁铁制成，但通常是在磁极铁芯上绕制励磁绕组，

在励磁绕组中通入直流电流，即可产生 N、S 极。在 N、S 磁极之间装有由铁磁性物质构成的圆柱体，在圆柱体外表面的槽中嵌放了线圈 abcd，整个圆柱体可在磁极内部旋转，整个转动部分称为转子或电枢。电枢线圈 abcd 的两端分别与固定在轴上相互绝缘的两个半圆铜环相连接，这两个半圆铜环称为换向片，即构成了简单的换向器。换向器通过静止不动的电刷 A 和 B，将电枢线圈与外电路接通。

电枢由原动机拖动，以恒定转速按逆时针方向旋转，转速为 n（r/min）。若导体的有效长度为 l，线速度为 v，导体所在位置的磁感应强度为 B，根据电磁感应定律，则每根导体的感应电动势为 e=Blv，其方向可用右手定则确定。当线圈有效边 ab 和 cd 切割磁感线时，便在其中产生感应电动势。如图 2-1 所示瞬间，导体 ab 中的电动势方向由 b 指向 a，导体 cd 中的电动势则由 d 指向 c，从整个线圈来看，电动势的方向为 d 指向 a，故外电路中的电流自换向片 1 流至电刷 A，经过负载，流至电刷 B 和换向片 2，进入线圈。此时，电流流出处的电刷 A 为正电位，用“+”表示；电流流入线圈处的电刷 B 为负电位，用“-”表示。电刷 A 为正极，电刷 B 为负极。

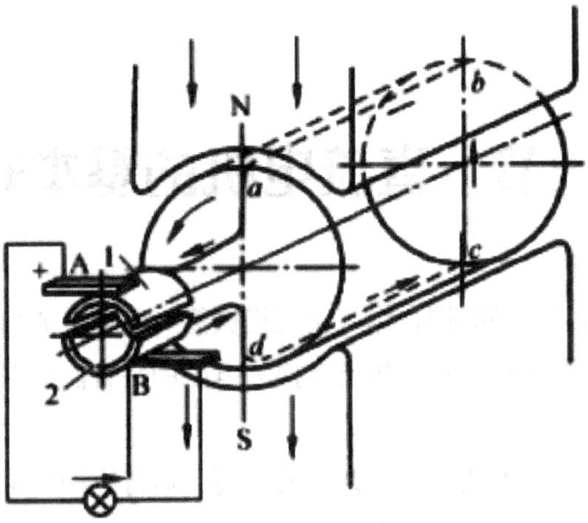

图 2–1　直流发电机工作原理示意图

电枢旋转 180° 后，导体 ab 和 cd 以及换向片 1 和 2 的位置同时互换，电刷 A 通过换向片 2 与导体 cd 相连接。此时，因为导体 ed 取代了原来 ab 所在的位置，即转到 N 极下，改变了原来的电流方向，即由 c 指向 d，所以电刷 A 的极性仍然为正。

同时，电刷 B 通过换向片 1 与导体 ab 相连接，而导体 ab 此时已转到 S 极下，也改变了原来电流方向，由 a 指向 b，因此，电刷 B 的极性仍然为负。通过换向器和电刷的作用及时地改变线圈与外电路的连接，可使线圈产生的交变电动势变为电刷两端方向恒定的电动势，保持外电路中的电流按一定方向流动。实际的发动机，通常由多个线圈按一定规律连接构成电枢绕组。

2. 直流电动机工作原理

图 2-2 所示为直流电动机工作原理示意图，其基本结构与发电机完全相同，只是将直

流电源接至电刷两端。当电刷 A 接至电源的正极、电刷 B 接至电源的负极时，电流将从电源正极流出，经过电刷 A、换向片 1、线圈 abcd 到换向片 2 和电刷 B，最后回到负极。根据电磁力定律，载流导体在磁场中受电磁力的作用，其方向由左手定则确定。图 2-2 中，导体 ab 所受电磁力方向向左，而导体 cd 所受电磁力的方向向右，这样就产生了一个转矩。在转矩的作用下，电枢便按逆时针方向旋转起来。当电枢从图 2-2 所示的位置转过 90° 时，线圈磁感应强度为零，因而使电枢旋转的转矩消失，但由于机械惯性，电枢仍能转过一个角度，使电刷 A、B 分别与换向片 2、1 接触，于是线圈中又有电流流过。此时电流从正极流出，经过电刷 A、换向片 2、线圈到换向片 1 和电刷 B，最后回到电源负极。此时导体 ab 中的电流改变了方向，并且导体 ab 已由 N 极下转到 S 极下，其所受电磁力方向向右，同时，处于 N 极下的导体 cd 所受的电磁力方向向左，因此，在转矩的作用下，电枢继续沿着逆时针方向旋转。这样，电枢便一直旋转下去，这就是直流电动机的基本原理。

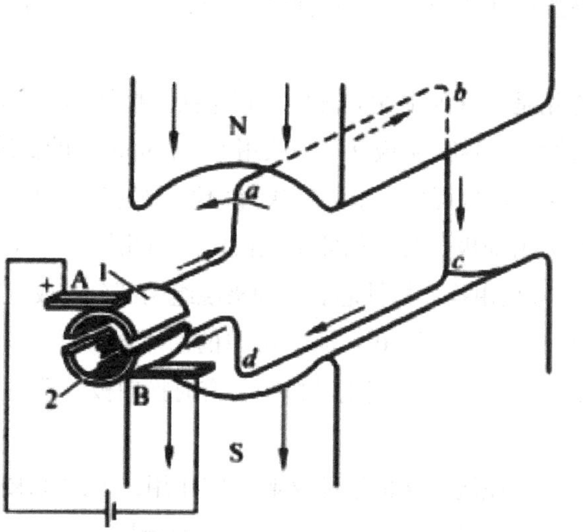

图 2–2　直流电动机工作原理示意图

根据分析可知：

（1）在直流电动机中，虽然外施电压 U 及电流 I 是直流的，但电枢线圈内部的电流 i 是交流的。这是靠换向片及电刷的逆变作用将外部直流变成内部交流的。

（2）从空间上看，由电枢电流所生的磁场也是一个恒定磁场。

（3）当电枢旋转时，电枢导体切割磁力线也会产生感应电动势且是交变的，其方向与电枢电流 i 的方向始终相反，称之为反电动势。

（4）直流电动机中电磁转矩的方向与转子转向一致，是驱动性质的。

由以上分析可知：同一台直流电机，只要改变外界的条件，既可以当发电机运行，也可以当电动机运行。如果用原动机拖动电枢恒速旋转，就可以从两电刷端引出直流电动势而作为直流电源对负载供电；如果在两电刷端外施直流电压，则电动机就可以带动轴上的机械负载旋转，从而把电能转变成机械能。

由于外界条件的不同这种同一台电机，既可作发电机也可作电动机运行的原理，不仅适用于直流电机，而且也适合于交流电机（感应电机和同步电机），它是电机理论中的普遍原理，称为电机的可逆原理。

二、直流电动机的结构和分类

从电机的基本工作原理知道，电机的磁极和电枢之间必须有相对运动，因此任何电机都由固定不动的定子和旋转的转子两部分组成，这两部分之间的间隙称为气隙。

下面分别介绍直流电动机各部分的构成，其基本结构包括风扇、机座、电枢、主磁极、换向器、接线板、瑞盖、出线盒、换向极。

1. 定子

定子由机座、主磁极、换向极、电刷装置等组成，它的主要作用是产生主磁场和作为电动机的机械支架。

（1）主磁极的作用是在气隙中建立磁场，它包括主极铁芯和励磁绕组两部分。为了降低电枢旋转时的极靴表面损耗，主极铁芯一般用 1 ~ 1.5mm 厚的低碳钢板冲片叠压而成。在小型直流电动机中，主磁极也可采用永久磁铁，它不需要励磁绕组，叫作永磁直流电动机。

（2）换向极又称为附加极，装在相邻主磁极之间的几何中心线上，其作用是改善直流电动机的换向。换向极也由换向极铁芯和换向极绕组两部分组成。换向极铁芯一般用整块钢制成，当换向要求较高时，用 1.0 ~ 1.5mm 厚的钢片叠压而成。换向极绕组须与电枢绕组串联。在 1 kW 以下的小容量直流电动机中，有时换向极的数目只有主磁极的一半或不装换向极。

（3）直流电动机的机座既是磁的通路又起固定作用，因此要求机座既要导磁性好与有足够的导磁面积，又要有足够的机械强度和刚度。对于换向要求较高的电动机，机座也可用薄钢板冲片叠压而成。

（4）电刷与换向器相配合起到整流或逆变器的作用。

2. 转子

转子（又称为电枢）由电枢铁芯、电枢绕组、换向器、转轴和风扇等组成。它的作用是产生电磁转矩或感应电动势，实现机电能量的转换。

（1）电枢铁芯是电动机主磁路的一部分，而且用来嵌置电枢绕组。为了减少电枢旋转时电枢铁芯中的涡流损耗及磁滞损耗，电枢铁芯通常用 0.5mm 厚的两面涂有绝缘漆的硅钢片叠压而成。

（2）电枢绕组是用来产生感应电动势和电磁转矩，实现机电能量转换的关键部件。现代直流电动机的电枢，在其圆周上均匀地分布有许多个线圈，每个线圈可以单匝也可以多匝，称之为元件。每个元件的两个有效边分别嵌放在相隔一定槽数的电枢铁芯的两个槽中。每个元件的首端与尾端，按一定的规律分别与换向器上的两个换向片相连接。

（3）换向器的作用是在电刷间得到直流电动势，并保证每个磁极下电枢导体电流方向不变，以产生恒定方向的电磁转矩。电枢绕组由许多元件组成，而每个元件的两个引出端分别连接两片换向片，换向器就是由许多彼此互相绝缘的铜换向片所组成的。

3. 气隙

气隙是定子磁极和电枢之间自然形成的间隙，它是主磁路的一部分。气隙中的磁场是电机进行机电能量转换的媒介，气隙的大小对电机的运行性能有很大的影响。小容量直流电机的气隙约为 1 ~ 3 mm，大容量电机的气隙可达几毫米。

三、直流电机的铭牌

电机制造厂按一定标准及技术条件要求，规定的电机高效长期稳定运行的经济技术参数，称为电机的额定值。每台直流电机的机座上都有一个铭牌，其上标有电机型号和各项额定值，用以表示电机的主要性能和使用条件。

1. 电机型号

型号表明了电机的系列及主要特点。知道了电机的型号，便可从相关手册及资料中查出该电机的有关技术数据。

直流电机应用广泛，型号很多。我国的直流电机主要系列有：

Z 系列：一般用途的直流电动机。

ZF 系列：一般用途的直流发电机。

ZTD 系列：电梯用直流电动机。

ZZJ 系列：冶金及起重用直流电动机。

ZQ 系列：直流牵引电动机。

Z-H 系列：船用直流电动机。

ZA 系列：防爆安全用电动机。

2. 额定功率 P_N

额定功率指电机在额定运行状况下的输出功率。对于发电机，额定功率是指输出电功率，即 RN=UNIN；对于电动机，额定功率是指轴上输出的机械功率，即 $PN=U_NI_N\eta_N$。

3. 额定电压 U_N

额定电压指额定运行状况下，直流发电机的输出电压或直流电动机的输入电压。

4. 额定电流 I_N

额定电流指额定电压和额定负载下允许电机长期输入（电动机）或输出（发电机）的电流。

5. 额定转速 n_N

额定转速指电动机在额定电压和额定负载下的旋转速度。

6. **电动机额定效率 η_N**

电动机额定效率指直流电动机额定输出功率 P_N 与电动机额定输入功率 $P_N=U_NI_N$ 比值的百分数。

此外，铭牌上还标有励磁方式、额定励磁电压、额定励磁电流和绝缘等级等参数。

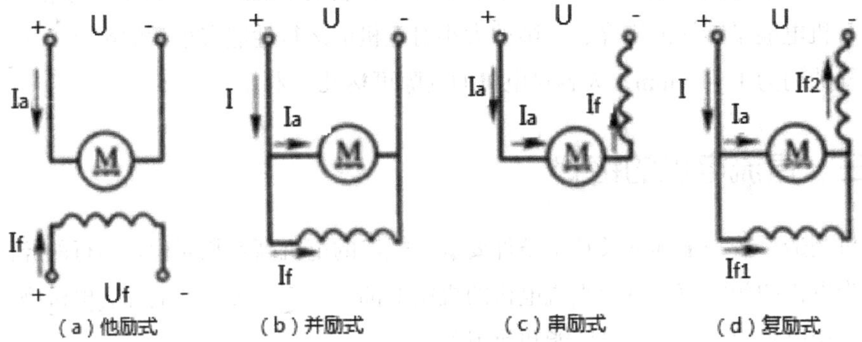

图 2–3　直流电动机的励磁方式

（1）他励直流电动机：电枢绕组与励磁绕组分别由两个互相独立的直流电源 U 和 U_f 供电。励磁电流 I_f 的大小不会受端电压 U 及电枢电流 I_a 的影响。

关系：电动机出线端电流 I= 电枢电流 I_a

（2）并励直流电动机：励磁绕组与电枢绕组并联后施以同一个直流电压 U。所以，电动机出线端电流 I 为电枢电流 I_a 和励磁电流 I_f 之和。

关系：$I=I_a+I_f$

（3）串励直流电动机：其励磁绕组与电枢绕组串联后施以同一个直流电压 U。

关系：$I=I_a=I_f$

（4）复励直流电动机：主磁极上有两套励磁绕组，一套与电枢绕组并联（称为并励绕组），另一套与电枢绕组串联（称为串励绕组）。

如图 2-3d 所示，$I=I_{f2}$，$I=I_a+I_{f1}$

直流电动机励磁方式不同，使得它们的特性有很大差异，这也使它们能满足不同生产机械的要求。直流发电机的分类与此相似，只是在示意图中要注意各项参数的方向，读者可自行分析。

四、直流电动机的铭牌数据

为了使电机安全可靠地工作，而且有优良的运行性能，电机制造厂根据国家标准及电机的设计数据，对每台电机在运行中的有关物理量（如电压、电流、功率、转速等）规定了保证值，称为电机的额定值。电机在运行中，若各物理量都符合它的额定值，称为该电机运行于额定状态。额定值一般标在电机的铭牌上，所以又称为铭牌数据。直流电动机的额定值有以下几项：

1. **额定电压** U_N（V）

在额定情况下，电刷两端输出（发电机）或输入（电动机）的电压。

2. **额定电流** I_N（A）

在额定情况下，允许电机长期流出或流入的电流。

3. **额定功率（额定容量）** P_N（kW）

电机在额定情况下允许输出的功率。

对于发电机，是指向负载输出的电功率，即

$P_N = U_N I_N$

对于电动机，是指电动机轴上输出的机械功率，即

$P_N = U_N I_N \eta_N$

4. **额定转速** n_N（r/min）

在额定功率、额定电压、额定电流时电机的转速。

5. **额定效率** η_N

输出功率与输入功率之比称为电机的额定效率，即

η= 输出功率 / 输入功率 ×100%=P_1/P_2×100%

在实际运行中，如果电动机的电流小于额定电流，称为欠载或轻载；如果电流大于额定电流，称为过载或超载；如果电流恰好等于额定电流，称为满载运行。长期过载会使电动机过热，降低电动机的使用寿命甚至损坏电动机。长期轻载不仅使电动机的设备容量得不到充分利用，而且会降低电动机的效率。电动机在接近额定的状态下运行才是经济的。

例 2.1 一台直流电动机，其额定功率 P_N=160kW，额定电压 U_N=220 V，额定效率 η_N=90%，额定转速 n_N=1500r/min，求该电动机在额定运行状态时的输入功率和额定电流。

解：额定输入功率为

$P_1=P_N/\eta_N$=160/0.9kW=177.8kW

额定电流为

$IN_N P_N/U_N\eta_N=160\times10^3/220\times0.9$A=808.1A

五、直流电动机的电枢电动势和电磁功率

电枢电动势 E_a、电磁转矩 T 和电磁功率 P 是直流电动机通过电磁感应作用实现机电能量转换的三个最基本的物理量。

1. **直流电动机的电枢电动势**

从一对正负电刷之间引出的直流电动势 E，称为电枢电动势。它就是一条支路内所有串联导体电动势之和，等于一根导体在一个极距范围内切割磁力线所产生的平均电动势

eav 乘上一条支路内的总导体数 N/2a，所以有

$$E_a = \frac{N}{2a}e_{av} = \frac{N}{2a}B_{av}lv = \frac{N}{2a}\frac{\phi}{\tau l}l\frac{2p\tau n}{60} = C_e\phi n$$

式中，C_e 称为电动势常数；Φ 为每极磁通，单位为 Wb；n 为电枢转速，单位为 r/min。

由公式可知，电枢电动势 E_a 跟每极磁通 Φ 和电枢转速 n 的乘积成正比。当 Φ 不变时，E_a 与 n 成正比；当 η 一定时，E_a 与 Φ 成正比。

2. 直流电动机的电磁功率

以电动机为例，电动机从直流电源吸收电能而进入电枢的电功率为 $P=E_aI_a$，而电枢在电磁转矩 T 的作用下以机械角速度 Ω（单位为 rad/s）恒速旋转所做的机械功率为 TΩ，根据能量守恒，可得

$$P=E_aI_a=T\Omega$$

由式可知，直流电动机电枢从电源吸收的电功率 E_aI_a，通过电磁感应作用转换成轴上的机械功率 TΩ。同理可以证明，在直流发电机中，原动机克服电磁转矩 T 的制动作用所做的机械功率 TΩ 也等于通过电磁感应作用在电枢回路所得到的电功率 E_aI_a，我们称这部分在电磁感应作用下机械能与电能相互转换的功率为电磁功率，用 P 表示。

六、直流电动机的磁场

直流电动机运行时除了主磁极外，若电枢绕组中有电流流过，还将产生电枢磁场。这两个磁场在气隙中相互影响、相互叠加，合成了气隙磁场。它将直接影响电动机的电枢电动势和电磁转矩。

1. 直流电动机的电枢绕组

直流电动机的电枢绕组是产生感应电动势和电磁转矩，实现机电能转换的核心部件。在实际的直流电动机中，为增加电动机的感应电动势和电磁转矩，其电枢表面均匀分布的槽内嵌放了许多线圈，这些线圈按一定规律与换向器连接起来组成电枢绕组。

电枢绕组每个元件的匝数可以是单匝，也可以是多匝。元件依次嵌放在电枢槽内，一条元件边放在槽的上层，另一条边放在另一槽的下层，构成双层绕组。

按照元件首尾端与换向片连接规律的不同，电枢绕组可分为叠绕组和波绕组。叠绕组又有单叠和复叠之分，波绕组也有单波和复波之分。单叠绕组是直流电动机电枢绕组的基本形式。

2. 空载磁场和电枢反应

（1）空载磁场

直流电动机空载是指电枢绕组电流为零或很小，电动机几乎无功率输出。空载磁场是由励磁绕组的励磁磁动势单独建立的磁场。

主磁通 Φ 的大小决定于励磁磁动势 F、磁路各段几何尺寸和选用材料的性质。在磁路

尺寸和材料已定的情况下，Φ0 与 F 满足图 2-4 所示的 Φ=f（F）关系曲线。若励磁绕组匝数一定，磁动势 Ff 便与励磁电流 I 成正比，使 Φ=f（F）=f（I），称为磁化曲线。

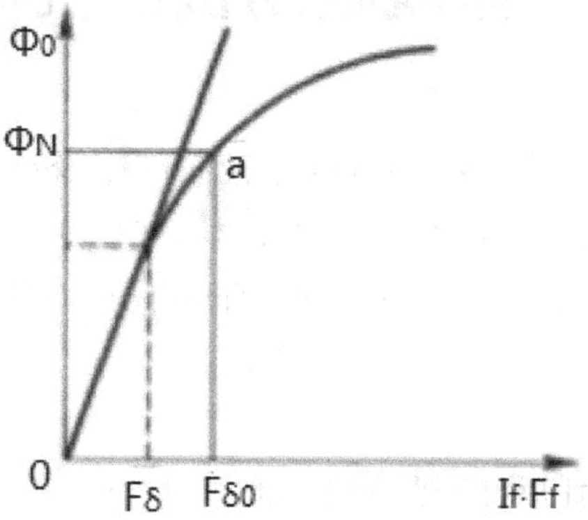

图 2–4　磁化曲线

磁化曲线表明，电动机中磁通增大时，磁通与磁动势成线性正比，但当磁通达到一定数值时，磁通增长缓慢，呈饱和趋势；随着磁动势继续增加，磁通趋于平直。一般电动机空载时，电动机的磁场处于磁化曲线浅饱和区的 a 点。

（2）电枢反应

直流电动机在主极建立了主磁场，当电枢绕组 Φ 通过电流时，产生电枢磁动势，也在气隙中建立起电枢磁场。这时电动机的气隙中形成由主极磁场和电枢磁场共同作用的合成磁场。这种由电枢磁场引起主磁场畸变的现象称为电枢反应。

首先分析电枢磁场的单独分布。由于电枢绕组中各支路电流是经电刷与外电路连接的，电枢表面的磁场分布与电刷分布有关。电刷是电枢表面电流分布的分界线。如电枢元件在因此电枢表面的分布是均匀的，则电枢磁动势在主磁极中央为零，在两磁极的中间为最大。两磁极中间的气隙磁阻大，使磁通最大点出现在主磁极两端，而在极间处磁通减少呈马鞍形。

（3）励磁线圈

直流电动机负载运行时主磁极的一端磁通增加，另一端磁通减少，使气隙磁场的分布发生扭斜，气隙磁通密度过零的地方偏离了几何中心线呈现不均匀分布，出现了电枢反应。

电枢反应的性质有以下两个特点：

①气隙磁场发生畸变。在每一磁极下，主磁场的一半被削弱，另一半被加强。此时物理中性线与几何中性线发生偏离。

②对主磁场有去磁效应。在磁路不饱和时，主磁场被削弱的数量恰好等于被加强的数量，因此负载时每极下的合成磁通量与空载时相同。但实际上电动机一般工作在磁化曲线的膝部，主极的增磁部分因磁饱和的影响比不饱和时增加得要少，从而使合成磁通量比空载时略为减小。

第二节 直流电动机的机械特性

表征电动机运行状态的两个主要物理量是转速 n 和电磁转矩 T，电动机的机械特性就是研究电动机转速 n 和电磁转矩 T 之间的关系，即 n=f（T）。机械特性可分为固有机械特性和人为机械特性。在电力拖动系统中，他励直流电动机应用比较广泛，本节就研究它的机械特性。

一、直流电动机的固有机械特性

1. 机械特性方程

他励直流电动机的接线图如图 2-5 所示。Rf 是励磁回路所串联的调节电阻，R 是电枢回路所串联的电阻。

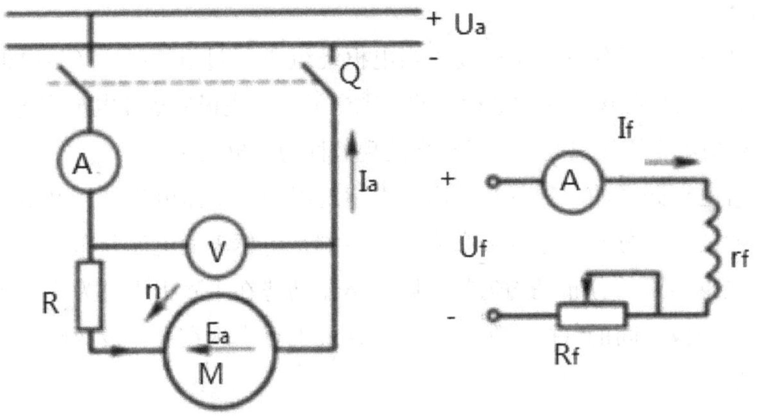

图 2–5 他励直流电动机的接线图

它的机械特性可由基本方程导出。电压平衡方程为

$U=E_a+(R_a+R)I_a$

把 $E_a=C_e\Phi n$ 代入式中，可得

$$n=\frac{U-(R_a+R)I_a}{C_e\phi}$$

经过进一步带入变换，可得他励直流电动机的机械特性方程为

$$n=\frac{U-(R_a+R)I_a}{C_e\phi}=\frac{U}{C_e\phi}-\frac{R_a+R}{C_eC_T\phi^2}T=n_0-\beta T$$

式中 n_0——理想空载转速，β——机械特性的斜率为一常数。

2. 固有机械特性

固有机械特性是指电动机的工作电压、励磁磁通为额定值，电枢回路中没有串联附加电阻时的机械特性。以他励直流电动机为例，固有机械特性是当 $U=U_N$，$\Phi=\Phi_N$，R=0 时 η=f（T）的关系，其方程为

$$n=\frac{U_N}{C_e\phi_N}-\frac{R_a}{C_e\phi_N}I_a=\frac{U_N}{C_e\phi}-\frac{R_a}{C_eC_T{\phi_N}^2}T=n_0-\Delta n_N$$

式中 n_0——理想空载转速；Δn_N——额定负载时的转速降；β_N——固有机械特性的斜率。其固有机械特性如图 2-6 所示。

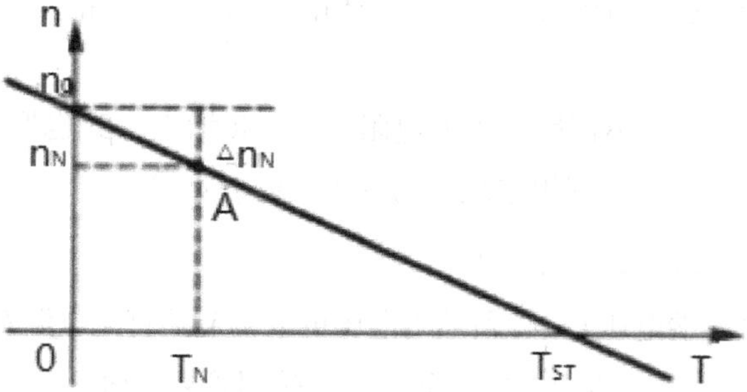

图 2-6　他励直流电动机的固有机械特性

他励直流电动机的固有机械特性具有以下几个特点：

（1）随着电磁转矩 T 的增大，转速 n 降低，其特性是略微下降的直线。

（2）当 T=0 时，$n=n_o$，称之为理想空载转速。

（3）机械特性的斜率：

$$\beta_N=\frac{R_a}{C_eC_T{\phi_N}^2}$$

若其值很小，特性曲线较平，习惯上称为硬特性；若其值较大，则称为软特性。

（4）当 $T=T_N$ 时，$n=n_N$，此点为电动机的额定工作点。此时，转速差 $\Delta n_N=n_0-n_N=n_N$，称为额定转差，一般 $\Delta n_N=0.05n_N$。

（5）当 n=0，即电动机起动时，$E_a=C_e\phi_N n=0$，此时电枢电流 $I_a=U_N/I_a=I_s$，称为起动电流；电磁转矩 $T=C_T\phi_N I_a=T_s$，称为起动转矩。由于电枢电阻 Ra 很小，Ist 和 T_{st} 都比额定值大很多（可达几十倍），因此这会给电动机和传动机构等带来危害。

二、直流电动机的人为机械特性

一台电动机只有一个固有机械特性，对于某一负载转矩，只有一个固定的转速，这显然无法达到实际拖动对转速变化的要求。为了满足生产机械加工工艺的要求，例如起动、调速和制动等在各种工作状态下的要求，还需要人为地改变电动机的参数，如电枢电压、电枢回路电阻和励磁磁通，相应得到的机械特性即是人为机械特性。

1. **电枢回路串电阻的人为机械特性**

电枢加额定电压 UN，励磁磁通 $\Phi=\Phi_N$，由式可得电枢回路串入电阻 R 后的人为机械特性方程表达式为

$$n=\frac{U}{C_e\phi}-\frac{R_a+R}{C_eC_T\phi^2}T=n_0-\beta'T$$

公式也是直线方程。电枢回路串入不同电阻 R 时的人为机械特性曲线如图 2-7 所示，其中，$R_1<R_2$。

电枢回路串入电阻后的人为机械特性有下列特点：

（1）理想空载转速 n_0 与固有机械特性的相同，即电枢回路串入的电阻 R 改变时，n_0 不变。

（2）特性斜率 β› 与电枢回路串入的电阻有关，R 增大，β› 也增大，故电枢回路串入电阻后的人为机械特性是通过理想空载点的一簇放射形直线。

2. **改变电枢电压的人为机械特性**

为了改变电动机的端电压 U，必须采用电压可以调节的直流电源对该电动机单独供电，常用的方式有发电机一电动机组（F-D 系统）、晶闸管 - 电动机系统（KZ-D 系统）。保持励磁磁通 $\Phi=\Phi_N$，电枢回路不串入电阻，只需改变电枢电压大小及方向的人为机械特性，方程可由式求得，其表达式为

$$n=\frac{U}{C_e\phi}-\frac{R_a}{C_eC_T{\phi_N}^2}T=n_0'-\beta T$$

改变电枢电压的人为机械特性曲线如图 2-8 所示。

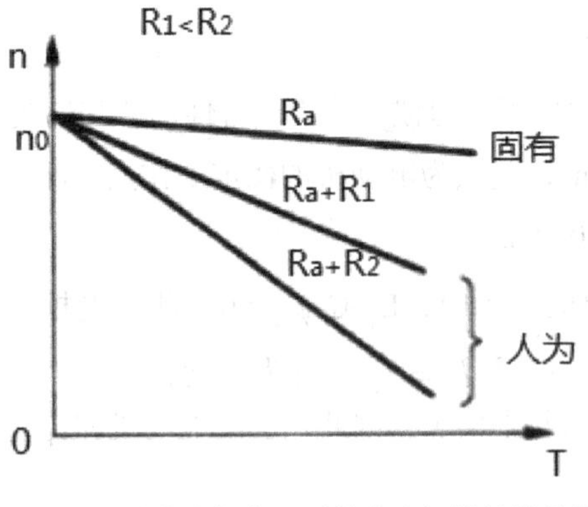

图 2–7　改变电枢电阻后的人为机械特性曲线

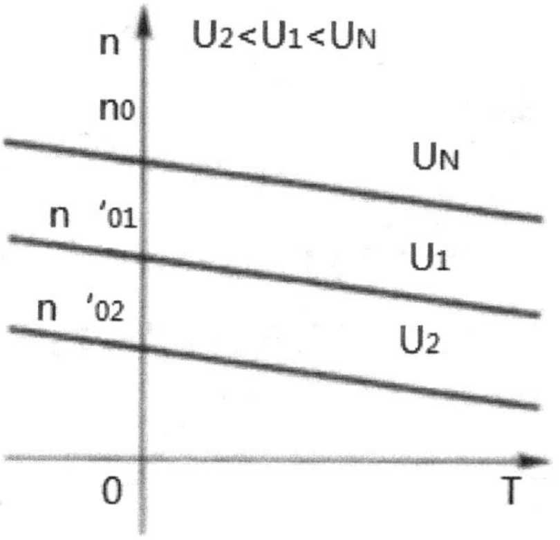

图 2–8　改变电枢电压的人为机械特性

改变电枢电压的人为机械特性的特点如下：

（1）理想空载转速 n_0 与电枢电压 U 成正比。

（2）特性斜率不变，这与固有机械特性相同，因而改变电枢电压 U 的人为机械特性是一组平行于固有机械特性的直线。

3. 减弱磁通的人为机械特性

减弱磁通的方法是通过减小励磁电流（如增大励磁回路调节电阻）来实现的。电枢电压为额定值，电枢回路不串入电阻，励磁回路串入调节电阻，使磁通 Φ 减弱。减弱磁通 Φ 的人为机械特性方程为

$$\mathrm{n}=\frac{U}{C_{\mathrm{e}}\phi}-\frac{R_a}{C_{\mathrm{e}}C_T\phi^2}T=\mathrm{n}_0''-\beta''T$$

其特点是理想空载转速随磁通的减弱而上升，机械特性斜率 β 则与励磁磁通的二次方成反比。随着磁通 Φ 的减弱，β 增大，机械特性变软。不同励磁磁通的人为机械特性曲线如图 2-9 所示。

对于一般电动机，当 $\Phi=\Phi_N$ 时，磁路已经饱和，再增加磁通不容易，所以人为机械特性一般只能在 $\Phi=\Phi_N$ 的基础上减弱磁通。值得注意的是，他励直流电动机起动和运行过程中，绝对不允许励磁回路断开。

减弱磁通的人为机械特性特点如下：

（1）由于 $\phi\langle\phi_{\mathrm{N}},\mathrm{n}_0''=\frac{U_N}{C_{\mathrm{e}}\phi}\rangle\frac{U_N}{C_{\mathrm{e}}\phi_N}=\mathrm{n}_0$，因而理想空载转速比固有机械特性时高。

（2）人为机械特性的斜率 $\beta_0''=\frac{R_a}{C_{\mathrm{e}}C_T\phi^2}\rangle\frac{R_a}{C_{\mathrm{e}}C_T\phi_N^2}$，即减弱磁通的人为机械特性比固有机械特性软。

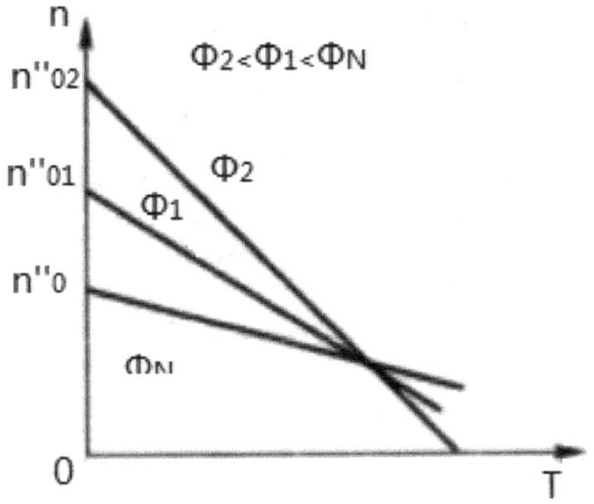

图 2–9　改变磁通的人为机械特性

第三节　生产机械的负载特性

生产机械的负载特性是指生产机械的转速 n 与负载转矩 T_L 之间的关系，即 $n=f(T_L)$。各种生产机械按负载特性的不同，大致可分为恒转矩负载、恒功率负载、通风机型负载三类。

一、恒转矩负载特性

恒转矩负载是指负载转矩 T_L 的大小不随转速的改变而改变的生产机械。它可分为反抗性恒转矩负载和位能性恒转矩负载两种。

1. 反抗性恒转矩负载特性

反抗性恒转矩负载是指该负载转矩的大小与速度无关，其方向始终与转向相反。属于这类负载的生产机械有机床的平移机构等。

2. 位能性恒转矩负载特性

位能性恒转矩负载是指生产机械工作机构中具有位能部件，其负载转矩 T_L 具有固定方向，不随转速方向的改变而改变，如起重机系统。

位能性负载转矩由重力作用产生，其大小和方向始终不变。起重设备提升重物时，负载转矩 T_L 为阻力矩，与电动机旋转方向相反；当下放重物时负载转矩变为驱动转矩，其作用方向与电动机旋转方向相同，促使电动机旋转。

二、恒功率负载特性

恒功率负载是指负载的功率为常数，不随转速的变化而变化。

由于

$$P_L = T_L\Omega = T_L\frac{2\pi n}{60} = \mathrm{k}$$

式中，常数k=9.55k。由式可知，恒功率负载的转矩与转速成反比，其负载特性如图2-10所示。属于这类性质的生产机械有车床等。

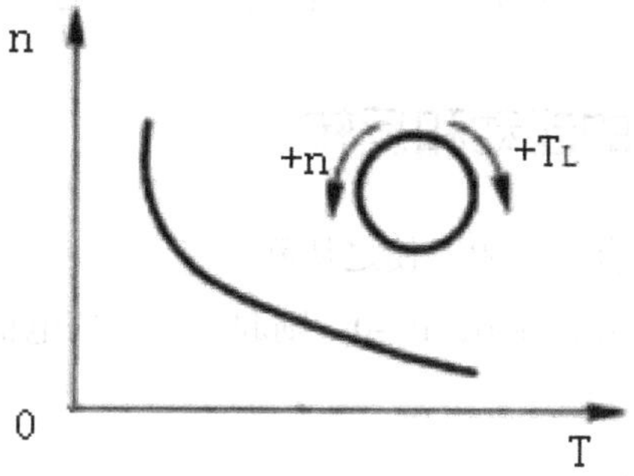

图 2–10　恒功率负载特性

三、通风机型负载特性

对于鼓风机、水泵及油泵等生产机械，其介质（空气、水、油）对机器叶片的阻力基本上和转速的二次方成正比，因而其负载转矩 T_L 也与 n 的二次方成正比，即

$T_L=kn^2$

其负载特性如图 2-11 所示，称为通风机型负载特性。

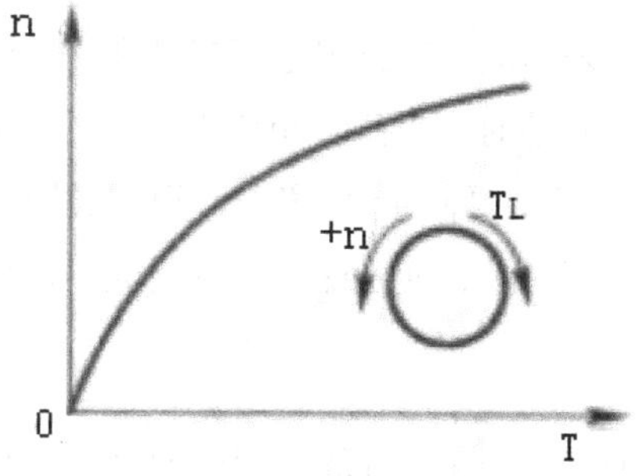

图 2–11　通风机型负载特性

除了上述三种典型的负载特性外，还有其他类型的负载特性，实际的负载特性往往是几种典型特性的组合。

第四节　直流电动机的电力拖动

所谓电力拖动，就是以电动机作为原动力来带动生产机械按人们所给定的规律运动。在电力拖动系统中，电动机是原动机，起主导作用。电动机的起动、调速和制动特性是衡量电动机运行性能的重要性能指标。下面就以他励直流电动机的拖动为例，分析直流电动机起动、调速和制动的方法及在此过程中电流和转矩的变化规律。

一、直流电动机的起动和反转

将一台直流电动机接上直流电源，使之从静止状态开始旋转直至稳定运行，这个过程称为起动过程。刚起动时，由于 n=0，E_a=0，则起动瞬间的电枢电流为

$$I_a=\frac{U-E_a}{R_a+R_S}=\frac{U}{R_a+R_S}$$

如果起动时 U=UN，Ra=0，称为直接起动，其起动瞬间的电枢电流为

$$I_a=\frac{U_N}{R_a}$$

因为电枢回路电阻 R_a 很小，所以直接起动时电枢冲击电流很大，可达额定电流的 10 ~ 20 倍。这么大的起动电流将使换向恶化，出现强烈火花，并使电枢绕组产生很大的电磁力而损坏绕组；过大的起动电流又引起供电电网的电压波动，影响接于同一电网上的其他电气设备正常工作；如果起动时 $\Phi=\Phi_N$，则此时的电磁转矩（称为起动转矩），也达到额定转矩的 10 ~ 20 倍，过大的转矩冲击也使拖动系统的传动机构被损坏。因此，除小容量电动机之外，直流电动机是不允许直接起动的。

为了限制起动电流，一般采用电枢回路串电阻起动和减压起动。

同时，电动机要能起动，起动时的电磁转矩应大于它的负载转矩。从公式来看，当起动电流降低时，起动转矩会下降。要使 T_{st} 足够大，励磁磁通就要尽量大。为此，在起动时须将励磁回路的调节电阻全部切除，使励磁电流尽量大，以保证磁通 Φ 为最大。

1. 降压起动

起动时降低端电压 U，使 $I_a=\dfrac{U}{R_a}\approx(1.5\sim2)I_N$ 且 $T_s=C_T\phi_N I_a=(1.5\sim2)T_N$，即在不大的起动电流下使系统顺利起动。随着转速 n 升高，反电动势 $E_a(=C_T\phi_N n)$ 增大，电枢电流 $I_a=\dfrac{U-E_a}{R_a}$ 开始下降，这时可以逐渐升高端电压 U 到 U_N，则起动完毕。这种起动方法的好处是起动平稳，起动过程的能量损耗小。

当他励直流电动机的电枢回路由电力电子可控整流供电系统供电时，可以采用减压起动的方法。起动电流将随电枢电压降低的程度成正比地减小。起动前先调好励磁，然后把电源电压由低向高调节。

减压起动过程中能量损耗很少，起动平滑，但需要专用电源设备，多用于要求经常起动的场合和大中型电动机的起动。

2. **电枢回路串电阻起动**

图 2.29a 为他励电动机的起动接线图。图 2.29a 中，KM_1、KM_2、KM_3 为短接起动电阻 R_{st1}、R_{st2}、R_{st3} 的接触器。起动时先接通励磁电源，保证满励磁起动。起动开始瞬间的起动电流 I_{st1} 为

$$I_{st1}=\frac{U_N}{R_a+R_{st1}+R_{st2}+R_{st3}}=\frac{U_N}{R_{st}}$$

式中，R_{st} 为电枢回路的总电阻，$R_{st}=R_a+R_{st1}+R_{st2}+R_{st3}$。

对应于起动电流 I_{st1} 的起动转矩为 T_{st1}，因 T_{st1}>TL 电动机开始起动。起动过程的机械特性如图 2-12b 所示，工作点由起动点 e 沿电枢总电阻为 R_{st} 的人为机械特性上升，电枢电动势随之增大，电枢电流和电磁转矩则随之减小。当转速升至一定值时，起动电流和起动转矩下降至 I_{s2} 和 T_{st2}（图 2-12b 中 d 点）。为了保持起动过程中电流和转矩有较大的值，以加速起动过程，此时闭合 KM_3，切除 R_{st3}。此时的电流 I_{s2} 称为切换电流。当 R_{st3} 被断掉后，电枢回路总电阻变为 $R_{s2}=R_a+R_{st1}+R_{st2}$。由于机械惯性，转速和电枢电动势不能突变，电枢电阻减小，将使电枢电流和电磁转矩增大，电动机的机械特性由图 2-12b 中 d 点平移到曲线 2 上 d’点。再依次切除起动电阻 R_{st1}、R_{st2}，电动机的工作点就从 c 点到 b 点，最后稳定运行在自然机械特性的 a 点，电动机的起动过程结束。

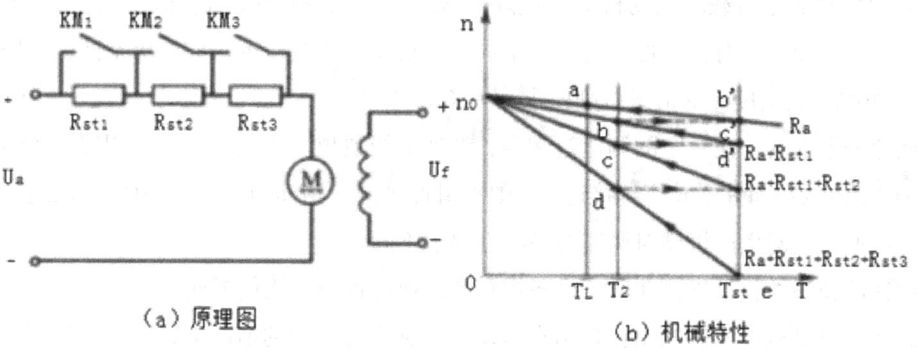

（a）原理图　　（b）机械特性

图 2–12　他励直流电动机串电阻起动

起动过程中，起动电阻上有能量损耗。这种起动方法广泛应用于中小型直流电动机。

3. **直流电动机的反转**

电力拖动系统在工作过程中，常常需要改变电动机的转动方向，为此需要电动机反方向起动和运行，即需要改变电动机产生的电磁转矩的方向。由电磁转矩公式，可知欲改变

电磁转矩的方向，只需改变励磁磁通或电枢电流的方向即可。所以，改变直流电动机转向的方法有两个：

（1）改变励磁电流的方向：保持电枢两端电压极性不变，将励磁绕组反接，使励磁电流反向，磁通 Φ 即改变方向。

（2）改变电枢电压的极性：保持励磁绕组两端的电压极性不变，将电枢绕组反接，电枢电流 I_a 即改变方向。

实际应用中大多采用改变电枢电压极性的方法来实现电动机的反转。

二、他励直流电动机的调速

为了提高生产率、保证产品质量或节约能源，许多生产机械要求在生产过程中有不同的运行速度。负载不变时，人为地改变生产机械的工作速度，使同一个机械负载得到不同的转速称为电动机调速。调速可以采用机械的、电气的或机电配合的方法来实现。本节只讨论电气调速。

电气调速是通过改变电动机的参数来改变转速的。电气调速可以简化机械结构，提高传动效率，便于实现自动控制。

电动机调速性能的好坏，常用下列各项指标来衡量：

调速范围 D：是指电动机拖动额定负载时，所能达到的最大转速与最小转速之比。不同的生产机械要求的调速范围是不同的，如车床要求 20 ~ 100，龙门刨床要求 10 ~ 140，轧钢机要求 3 ~ 120。

静差率Δ(又称为相对稳定性)：是指负载转矩变化时，电动机的转速随之变化的程度，用空载增加到额定负载时电动机的转速降落 Δn_N 与理想空载转速 n_o 之比来衡量。电动机的机械特性越硬，相对稳定性就越好。不同生产机械对相对稳定性的要求不同，一般设备要求 Δ<30%，而精度高的造纸机则要求 Δ ≤ 0.1%。

调速的平滑性：在一定的调速范围内，调速的级数越多调速越平滑。相邻两级转速之比称为平滑系数（Φ），p 值越接近 1，则平滑性越好。当 Φ=1 时，称为无级调速，即转速连续可调，不同生产机械对调速的平滑性要求不同。

调速的经济性：是指调速所需设备投资和调速过程中的能量损耗。

调速时电动机的容许输出：是指在电动机得到充分利用的情况下，在调速过程中所能输出的最大功率和转矩。

当电枢电流 I 不变时，只要电枢电压 U、电枢回路串入附加电阻 R 和励磁磁通 Φ 三个量中任何一个发生变化，都会引起转速变化。因此，他励直流电动机有 3 种调速方法：电枢回路串电阻调速、降低电枢端电压调速和减弱主磁通调速。

1. 电枢回路串电阻调速

方法：保持 $U=U_N$ 且 $\Phi=\Phi_N$（即 $If=I_{fN}$）不变，仅在电枢回路中串入调速电阻 R，而使同一个负载得到不同转速的方法，称为电枢回路串电阻调速。

他励直流电动机电枢回路串电阻调速的电气原理图如图 2-13a 所示。电枢回路串电阻调速的机械特性方程为

$$n=\frac{U}{C_e\phi_N}-\frac{R_a+R}{C_eC_T\phi_N^2}$$

机械特性分析：电枢回路串电阻调速的机械特性如图 2-13b 所示。电枢回路没有串入电阻时，工作点为自然机械特性曲线与负载特性的交点 a，转速为 n；在电枢回路串入调速电阻 R1 的瞬间，因转速和电动势不能突变，电枢电流相应地减小，工作点由 a 过渡到 a'。此时 $T_a'<T_L$，工作点由 a' 沿串入电阻 R_1 后新的机械特性曲线逐渐增加，直至 b 点。当 $T_b=T_L$ 时，恢复转矩平衡，系统以较低的转速 n_b 稳定运行。同理，若在电枢回路串入更大的电阻 R_2，则系统将进一步降速并以更低的转速 n_2 稳定运行。

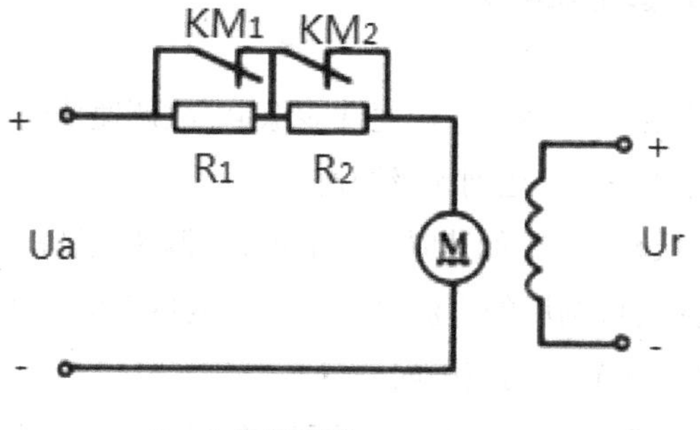

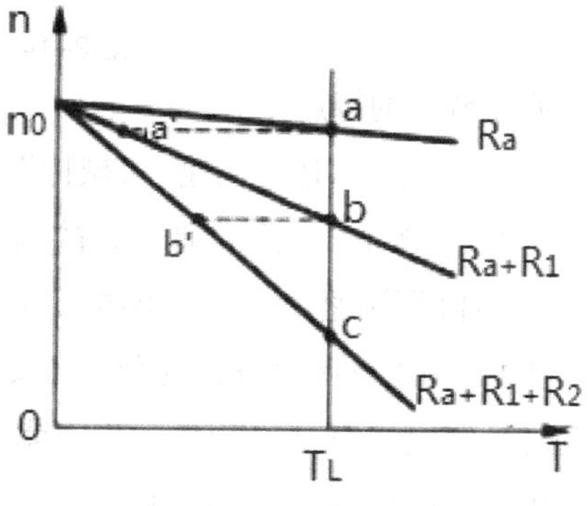

图 2-13　他励直流电动机串电阻调速

电枢回路串电阻调速的特点：

(1) 串入电阻后转速只能降低，由于机械特性变软，静差率变大，特别是低速运行时，负载稍有变动，电动机转速波动大，因此调速范围受到限制，D=1 ~ 3。

(2) 调速的平滑性不高，轻载时调速不明显。

(3) 由于电枢电流大，调速电阻消耗的能量较多，因此不够经济。

(4) 调速方法简单，设备投资少。

因此，这种调速方法只能用于调速性能要求不高的设备上，如起重机、电车等。

2. 降低电枢端电压调速

方法：保持电动机的 $\Phi=\Phi_N$（即 $I_f=I_{fN}$）不变且 R=0，仅降低电动机电枢两端电压 U 来达到调速的目的，称为降压调速。

降压调速时的机械特性方程为

$$n=\frac{U}{C_e\phi_N}-\frac{R_a}{C_eC_T\phi^2}T$$

机械特性分析：以他励直流电动机拖动恒转矩负载为例，保持励磁磁通 Φ 为额定值不变，电枢回路不串电阻，降低电枢端电压 U 时，电动机将以较低的转速运行，降压调速时的机械特性如图 2-14 所示。电压由 U_N 开始逐级下降时，工作点的变化情况如图 2-14 所示，由 a → a’ → b…。

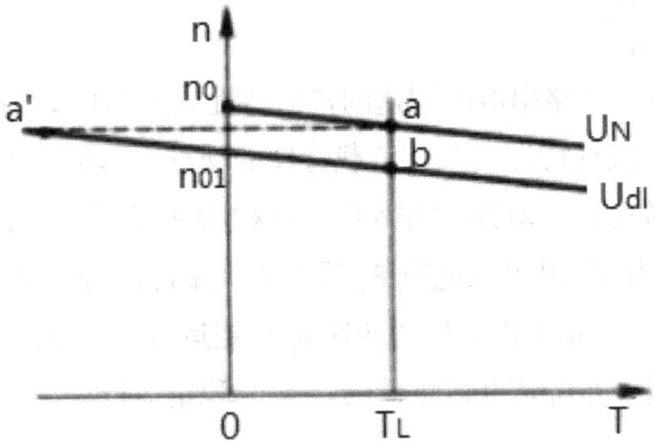

图 2–14　降压调速时的机械特性

降压调速的特点：

（1）无论高速还是低速，机械特性硬度不变，静差率小，调速性能稳定，故调速范围广。

（2）电源电压能平滑调节，故调速平滑性好，可达到无级调速。

（3）降压调速是通过减小输入功率来降低转速的，低速时、损耗减小，调速经济性好。

（4）调压电源设备较复杂，需要有单独的可调压的直流电源，加在电枢上的电压不能超过额定电压 U_N，所以调速也只能在低于额定转速的范围内调节。

因此，降压调速被广泛地应用于对起动、制动和调速性能要求较高的场合，如龙门刨床等。

3. 减弱电动机主磁通调速

方法：保持 $U=U_N$ 且 R=0，仅减少电动机的励磁电流 I_f，使主磁通 Φ 减少来达到调速的目的，称为弱磁调速。

弱磁调速的原理如图 2-15 所示。弱磁调速时，机械特性方程为

$$n=\frac{U_N}{C_e\phi}-\frac{R_a}{C_eC_T\phi^2}T$$

机械特性分析：弱磁调速的机械特性如图 2-15b 所示。如果忽略磁通变化的电磁过渡过程，则励磁电流逐级减小时，工作点的变化过程如图 2-15b 所示，由 a → a’ → b…。

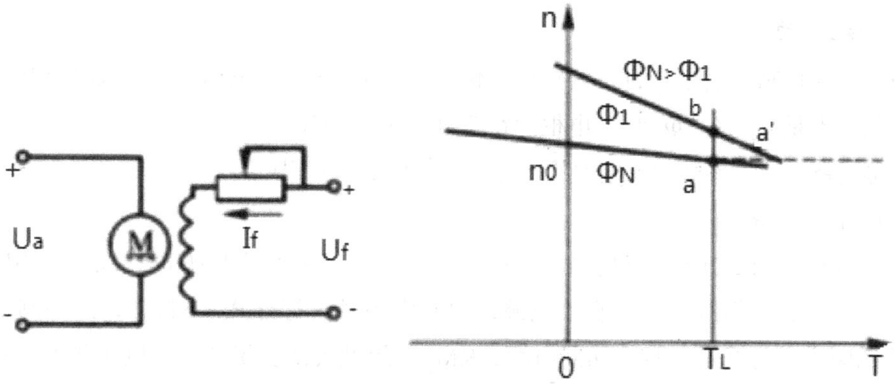

（a）小容量系统　　（b）改变磁通时的机械特性

图 2–15　弱磁调速的原理

弱磁调速的特点：

（1）弱磁调速的机械特性较软，受电动机换向条件和机械强度的限制，转速调高幅度不大，因此调速范围 D=1 ～ 2。

（2）调速平滑性较好，可实现无级调速。

（3）在功率较小的励磁回路中调节，能量损耗小。

（4）控制方便，控制设备投资少。

（5）弱磁调速时，在正常的工作范围内，励磁磁通越弱，电动机的转速越高，因此弱磁调速只能在高于额定转速的范围内调节。但是，电动机的最高转速受到换向能力、电枢机械强度和稳定性等因素的限制，所以转速不能升得太高。

（6）这种调速方法的缺点是机械特性软，当磁通减弱相当多时，运行将不稳定。在实际的他励直流电动机调速系统中，为了获得更大的调速范围，常常把降压调速和弱磁调速配合起来使用。以额定转速为基速，采用降压向下调速和弱磁向上调速相结合的双向调速方法，从而在很宽的范围内实现平滑的无级调速，而且调速时损耗较小，运行效率较高。

可见磁通减小 10% 的瞬间，电枢电流增大 1 倍，同时电磁转矩也增大，电动机加速。

三、直流电动机的制动

电力拖动系统在运行中，如果需要停车时，最简单的方法是断开电枢电源，在总负载转矩的作用下，转速渐降至停机，这叫“自由停车”，比如电风扇。

若要让电动机快速停下来，需在轴上加一个与转向相反的制动转矩。制动的方式很多，最简单的办法是用机械动作进行“刹车”，例如靠摩擦力进行制动。而电气制动是靠电动机本身产生一个与转向相反的电磁转矩，使系统快速停车(或降速)或使位能负载稳健下放。

因为电气制动的制动转矩大，且制动强度比较容易控制，所以在一般的电力拖动系统中多采用这种方法或者与机械制动配合使用。电动机的电气制动分为能耗制动、反接制动和回馈制动 3 种，其中反接制动分为电枢反接制动和倒拉反接制动两种。

1. **能耗制动**

方法：保持励磁电流 I_f 的大小及方向不变，将电源去掉，电枢回路接入电阻 R_{bk}。

参数特点是：$U=0$，$\Phi=\Phi_N$，电枢回路总电阻 $R_{\Sigma}=R_a+R_{bk}$。

由能耗制动时的参数代入电动状态时的电动势平衡方程可得

$0=E_a+I_a(R_a+R_{bk})$

过程分析：图 2-16a 为能耗制动的接线图。当电动机正转 KM_1 时，线圈通电，KM_1 常开触头闭合，电枢绕组接入直流电源，KM_1 常闭触头打开 R_{bk} 不接入；能耗制动时让 KM_1 线圈断电，常开触头打开切断电源，KM_1 常闭触头恢复闭合，电枢回路串入制动电阻 R_{bk}，如图 2-16b 所示。在拖动系统机械惯性的作用下，电动机继续旋转，转速的方向来不及改变。由于励磁保持不变，因此电枢仍具有感应电动势 E_a，其大小和方向与处于电动状态时相同。因为 $U=0$，所以电枢电流反向，这个电流叫作制动电流，其公式如下：

$$I_a=\frac{U-E_a}{R_a+R_{bk}}=-\frac{E_a}{R_a+R_{bk}}$$

制动电流产生的制动转矩也和原来的方向相反，变成制动转矩，使电动机很快减速至停转。这种制动是把储存在系统中的动能转换成电能，消耗在制动电阻中，故称为能耗制动。

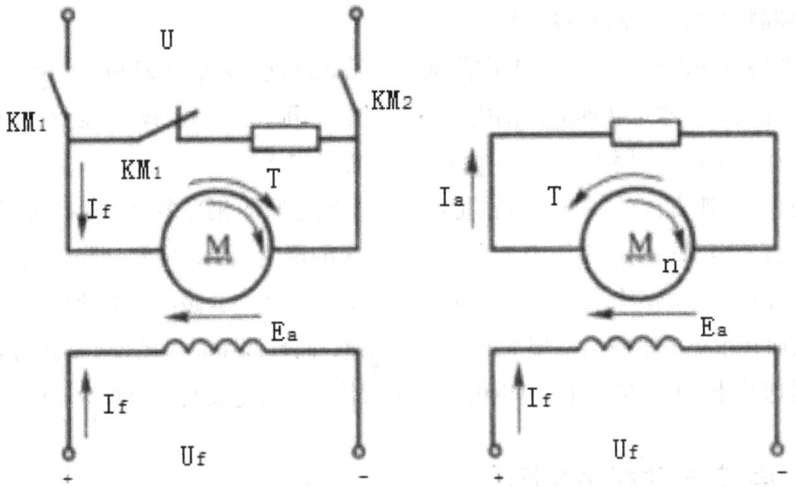

（a）能耗制动控制电路　　（b）能耗制动时的电路图

图 2-16　能耗制动

机械特性分析：在能耗制动过程中，电动机转变为发电机运行。和正常发电机不同的是电动机依靠系统本身的动能发电。在能耗制动时，因 $U=0$，$n_0=0$，因此电动机的机械特性方程变为

$$n=-\frac{R_a+R_{bk}}{C_e C_T \phi_N^{\ 2}}I_a=\frac{R_a+R_{bk}}{C_e \phi_N}I_a$$

由此可见，能耗制动的机械特性位于第二象限，为过原点的一条直线。如果制动前，电动机工作在电动状态，则电动机工作在固有特性曲线上的 a 点。开始制动时，转速 n 不能突变，工作点将沿水平方向跃变到能耗制动特性上的 b 点。在制动转矩的作用下，电动机减速，工作点将沿特性曲线下降，制动转矩也逐渐减小，当 T=0 时，n=0，电动机停转。

如果负载是位能性负载（如起重机等），当转速降到零时，在位能性负载转矩的作用下，电动机将被拖动而反方向旋转，机械特性延伸到第四象限。转速稳定在 c 点时，电动机运行在反向能耗制动状态下，实现等速下放重物。

实质上，能耗制动的机械特性是一条电枢电压为零、电枢回路串入电阻的人为机械特性。改变制动电阻的大小，可以得到不同斜率的特性曲线。R 越小，特性曲线的斜率越小，曲线就越平，制动转矩就越大，制动作用就越强。但为了避免过大的制动转矩和制动电流给系统带来的不利影响，通常限制最大制动电流不超过 2.5IN。

2. **电枢反接制动**

方法：保持 I_f 不变，使电枢经过制动电阻 R_{bk} 反接于电网上。

参数特点是：$U=-U_N$，$\Phi=\Phi_N$，电枢回路总电阻 $R_\Sigma=R_a+R_{bk}$。

制动电动势平衡方程为

$$-U_N=E_a+I_a(R_a+R_{bk})$$

过程分析：图 2-17 为电枢反接制动的控制电路和机械特性。当电动机正转运行时，KM_1 闭合（KM_2 断开），这时的电枢电流 I_a 用图中箭头表示。当电动机反接制动时，KM_2 闭合（KM_1 断开）时，加到电枢绕组两端电压的极性与电动机正转时相反。因旋转方向未变，磁场方向未变，所以感应电动势方向也不变。电枢电流的计算公式如下：

$$I_a=\frac{-U_N-E_a}{R}=-\frac{U_N+E_a}{R}$$

从式（2-43）可知电流为负值，表明其方向与正转时相反。由于电流方向改变，磁通方向未变，因此电磁转矩方向改变了，产生制动作用，使转速迅速下降。这种因电枢两端电压极性的改变而产生的制动，称为电枢反接制动。

电枢反接制动的最初瞬时，作用在电枢回路的电压（$U+E_a$）≈2U，因此必须在电枢电压反接的同时在电枢回路中串入制动电阻 R_{bk}，以限制过大的制动电流（制动电流允许的最大值≤ 2.5IN）。

机械特性曲线分析：电枢反接制动的机械特性方程为

$$n=-\frac{U_N}{C_e\phi_N}-\frac{R_a+R_{bk}}{C_e C_T \phi_N^{\ 2}}T=-n_0-\frac{R_a+R_{bk}}{C_e\phi_N}I_a$$

可见，电枢反接的机械特性曲线通过 $-n_0$ 点时，与电枢回路串入电阻 R_{bk} 时的人为机械特性曲线相平行，如图 2-17 所示。制动前电动机运行在固有特性曲线 1 上的 a 点，当电枢反接并串入制动电阻的瞬间，电动机过渡到电枢反接的人工特性曲线 2 上的 b 点。电动机的电磁转矩变为制动转矩，开始反接制动，使电动机沿曲线 2 减速。当转速减至零时（c 点），如不立即切断电源，电动机很可能会反向起动。

（1）如果是反抗性负载，加速到曲线 2 上的 d 点稳定运行。

（2）如果是位能性负载，负载转矩又大于拖动系统的摩擦转矩，电动机最后将运行于曲线 2 上的 e 点。

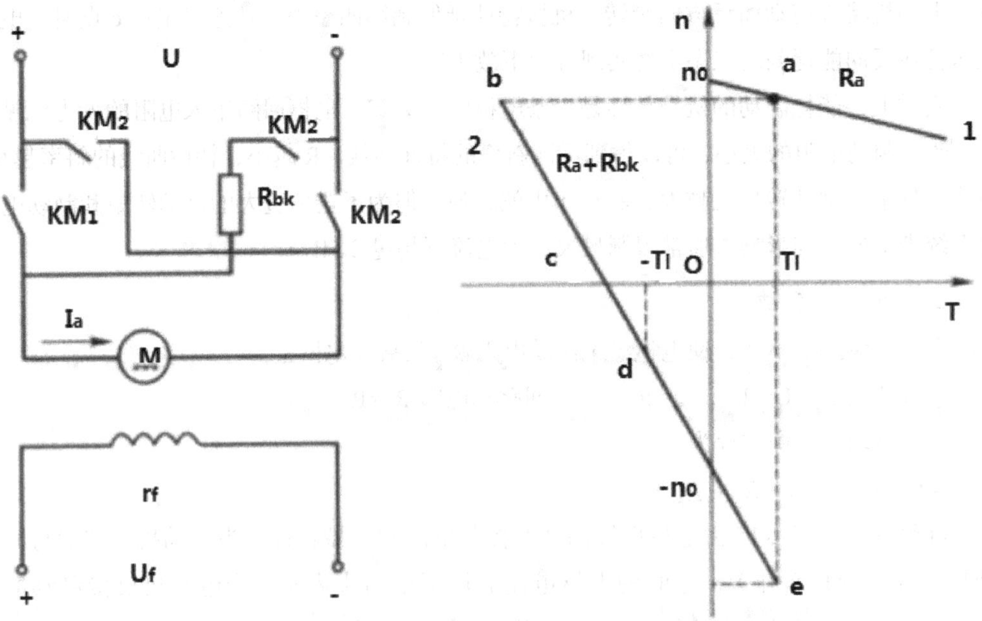

(a)控制电路 (b)机械特性

图 2–17 电枢反接制动

为了防止电动机反转，在制动到快停车时应切除电源，并使用机械制动将电动机止住。

3. **倒拉反接制动**

他励直流电动机带动位能性负载的拖动系统。设该机原来运行于 $R_{bk}=0$ 的电动状态，电动机被外力拖动而向着与它接线本应有旋转方向的反方向旋转时，称为倒拉反接运转。

方法：保持 I_f 及端电压 U_N 不变，仅在电枢回路中串入足够大的制动电阻 R_{bk}，使之对应的人为机械特性与负载转矩特性的交点处于第四象限即可。

参数特点是：$U=U_N$，$\Phi=\Phi_N$，电枢回路总电阻 $R=R_a+R_{bk}$。

电动势平衡方程为

$$U_N = E_a + I_a(R_a + R_b)$$

电枢电流为

$$I_a = \frac{U_N - E_a}{R_a + R_b} = \frac{U_N - C_e\phi_N n}{R_a + R_b}$$

机械特性曲线分析：以电动机提升重物为例，电枢电流 Ia、电磁转矩 T 和转速 na 的方向如图 2-18a 中的箭头所示。它的接线使电动机顺时针方向旋转，此时电动机稳定运行于固有机械特性曲线的 a 点。

（1）若在电枢回路串入大电阻 R_{bk} 使电枢电流大大减小，电动机将过渡到对应的串电阻的人为机械特性曲线上的 b 点，如图 2-18b 所示。此时电磁转矩小于负载转矩，电动机的转速沿人为机械特性下降。随着转速的下降，反电势能减小，电枢电流和电磁转矩又回升。

（2）当转速降至零，电动机在曲线上的 c 点，电磁转矩仍小于负载转矩，则电动机在负载位能转矩作用下开始反转，电动机变为下放重物，最终稳定在 d 点，转速为 nd，方向为逆时针方向，如图 2-18b 所示。

反转后感应电动势方向也随之改变，其方向如图 2-18 中 E_a’ 箭头所示，变为与电源电压方向相同。因为电枢电流方向未变，磁通方向也未变，所以电磁转矩方向亦未变，但因旋转方向改变，所以电磁转矩变成制动转矩，这种制动称为倒拉反接制动。

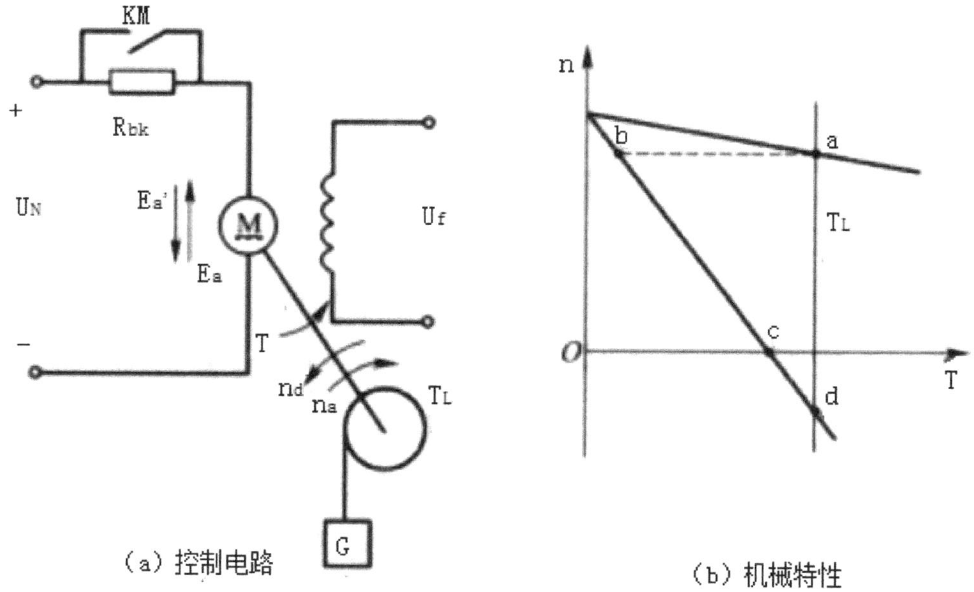

（a）控制电路　　（b）机械特性

图 2–18　倒拉反接制动

4. **回馈制动（再生发电制动）**

方法：当电动机在电动状态运行时，由于某种因素，如用电动机拖动机车下坡，使电动机的转速高于理想空载转速，此时 $n>n_0$，使得 $E_a>U$，则进入回馈制动状态。

参数特点是：$n>n_0$，$E_a>U$。

电动势平衡方程为

$$U = E_a + I_a R_a$$

电枢电流为

$$I_a = \frac{U - E_a}{R} = -\frac{E_a - U}{R}$$

过程分析：电枢中的电流与电动状态时相反，因磁通方向未变，则电磁转矩 T 的方向随着 I_a 的反向而反向，对电动机起到制动作用。在电动状态时，电枢电流从电网的正端流向电动机，而在制动时，电枢电流从电枢流向电网，因而称为回馈制动。

机械特性曲线分析：回馈制动的机械特性与电动状态时完全相同，因为回馈制动时 $n>n_0$，I_n 和 T 均为负值，所以它的机械特性曲线是电动状态的机械特性曲线向第二象限的延伸。

回馈制动不需要改接线路即可从电动状态转化到制动状态；电能可回馈给电网，使电获得应用，较为经济。

除此之外，他励电动机改变电枢电压调速时，在降低电压的降速过程中，当突然降低电枢电压，感应电动势还来不及变化时，就会发生 $E_a>U$ 的情况，亦即出现了回馈制动状态。

第三章　三相异步电动机

交流电机主要分为同步电机和异步电机两大类。异步电机中因异步发电机的性能较差，所以一般都作电动机用。交流电动机根据电源可分为单相和三相两种。三相异步电动机是把三相交流电能转换为机械能的一种交流电动机，与其他类型的电动机相比，具有结构简单、制造容易、运行可靠、效率较高、成本较低和坚固耐用几乎不需要维修等优点，从而被广泛应用在工农业生产和国民经济的各个领域，例如中小型轧钢设备、矿山机械、机床、起重机鼓风机、水泵以及脱粒、磨粉等农副产品的加工机械，大部分采用三相异步电动机来拖动。本章主要讨论三相异步电动机及其基本特性以及三相异步电动机的起动、调速和制动。

第一节　三相异步电动机的工作原理和基本结构

一、三相异步电动机的工作原理

1. *旋转磁场的产生*

直流电动机是通过一个静止的磁场与通入电枢绕组中的电流相互作用而产生一个恒定方向的电磁转矩，使电动机转动。与其不同，异步电动机则是通过一个旋转的磁场，在转子绕组内产生感应电动势和感应电流，从而产生电磁转矩来实现转动。所以，三相异步电动机工作的前提条件是如何产生一个旋转的磁场。

所谓旋转磁场就是一种极性和大小不变且以一定转速旋转的磁场。理论分析和实践证明，在对称三相绕组中，流过对称三相交流电时会产生这种旋转磁场。

图 3-1 是三相异步电动机定子绕组的端面图。定子铁芯中嵌放三相定子绕组（如图 3-2 所示），每相绕组均只有一个线圈，分别是 U_1U_2、V_1V_2、W_1W_2，三相绕组对称放置，空间互差 120°。定子绕组外接三相电源，流经绕组的三相电流对称，相序为 U-V-W，电流的参考方向是从绕组的首端指向末端，其中

$$i_U = I_m \sin \omega t$$
$$i_V = I_m \sin(\omega t - 120°)$$
$$i_W = I_m \sin(\omega t - 240°)$$

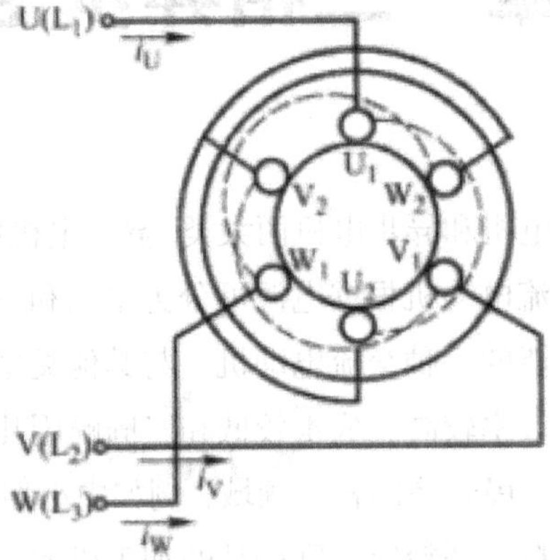

图 3–1　三相异步电动机定子绕组的端面图

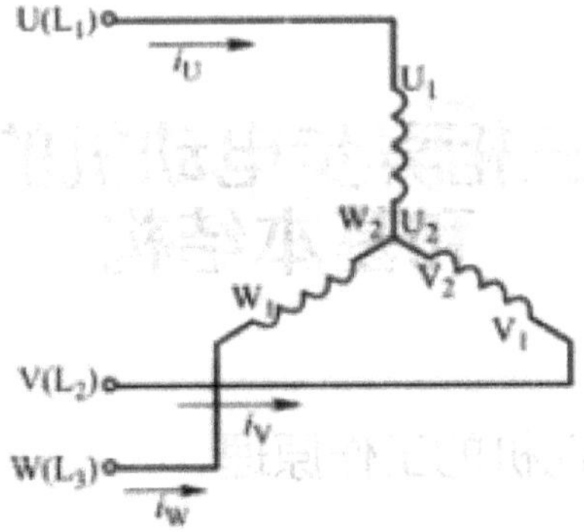

图 3–2　定子绕组的 Y 联结

为了研究磁场的变化情况，选取 wt=0、wt=2π/3、wt=4π/3、wt=2π 四个时刻，根据电流的实际方向，定出不同时刻磁场的实际方向，如图 3-3 所示。由图可见，三相电流产生了一个两极磁场（一对磁极）。随着电流的交变，磁场在空间发生旋转，所以，三相对称电流流经三相对称绕组时，会产生一个旋转磁场。

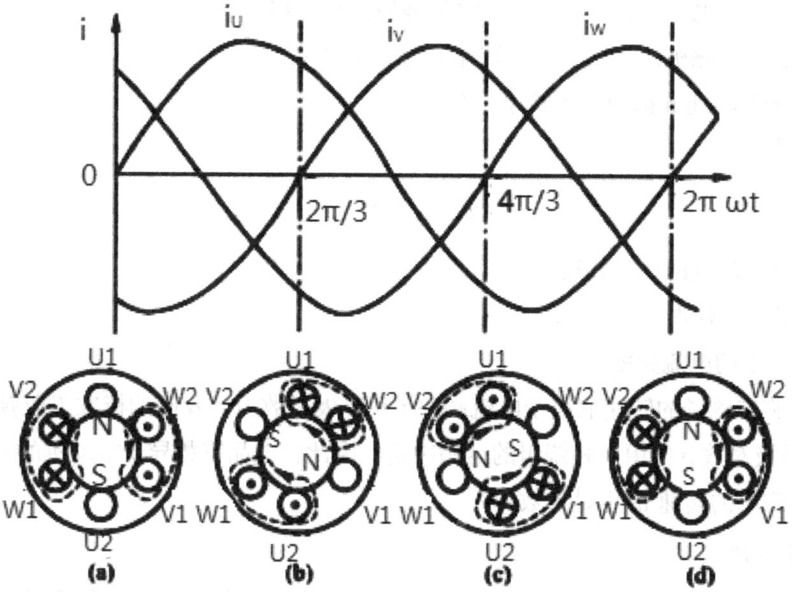

图 3–3　对称三相电流的波形图及两极电动机旋转磁场的产生

旋转磁场产生的条件：一是空间对称的三相定子绕组，二是通入三相对称电流。

2. *旋转磁场的方向*

由图 3-3 可以看出，当某一相绕组中的电流达到最大值时，旋转磁场的轴线方向与该相绕组的轴线重合。三相电流是按相序先后达到正向最大值的，所以旋转磁场的旋转方向取决于绕组中三相电流的相序。图 3-1 中，三相电流相序为 U-V-W，三相绕组 U_1U_2、V_1V_2、W_1W_2，按顺时针方向排列，绕组中的电流按顺时针方向先后达到最大值，故旋转磁场的转向为顺时针。如果将定子绕组的三相电源线中的任意两相交换，则绕组中三相电流的相序即由顺时针变为逆时针，旋转磁场也相应地由逆时针反向旋转。

3. *旋转磁场的转速*

旋转磁场的磁极对数值 p 与定子绕组的组成有关，图 3-1 中的每相绕组只有一个线圈，彼此在空间互差 120°，流过三相对称电流时产生的旋转磁场只有一对磁极，即 p=1。每相绕组由两个线圈串联组成，如 U 相绕组由线圈 U_1U_2 与 U_1’ U_2’ 串联成 $U_1U_2U_1$’ U_2’，首端为 U_1 末端为 U_2’；同样，V 相绕组为 $V_1V_2V_1$’ V_2’，W 相绕组为 $W_1W_2W_1$’ W_2’，各相绕组首端之间相差 60° 空间角度，末端之间相差 60° 空间角度，均匀分布在定子铁芯中。选取 wt=0、wt=2π/3、wt=4π/3、wt=2π 四个时刻，分别确定出四个时刻旋转磁场的方向。旋转磁场有两对磁极，即 p=2，旋转方向为顺时针。同样，若每相绕组由三个线圈串联组成，并在定子铁芯中均匀排列，则可产生 3 对磁极的旋转磁场。

由图 3-3 可知，p=1 时，电流变化 120°，磁场则顺时针旋转 120°；电流变化一个周期，磁场则顺时针旋转一周。设电流的频率为 f，则磁场的转速是 n=60f，单位为 r/min。

p=2 时，电流变化 120°，磁场则顺时针旋转 60°；电流变化一个周期，磁场则顺时针旋转 1/2 周。设电流的频率为 f，则磁场的转速是 m=60f/2。

同理，p=3 对磁极的旋转磁场，转速应为 m=60f/3。

旋转磁场的转速 n 称为同步转速，有

$$n_1 = \frac{60 f_1}{p}$$

式中

n_1——旋转磁场的同步转速；

P——定子极对数；

F_1——定子的电流频率。

可见，旋转磁场的转速取决于电流频率 f 和磁极对数力。我国的标准工业频率规定为 f=50 Hz，磁极对数 p 则由三相绕组的结构决定。因此，成品三相异步电动机的 f 和力都是定值，故其磁场的转速 m 也是常数。

4. **工作原理**

当定子接通三相电源后，即在定子、转子之间的气隙内建立了一个转速为 n 的旋转磁场。

磁场旋转时将切割转子导体，根据电磁感应定律可知，在转子导体中将产生感应电动势 e，其方向可由右手定则确定。假设磁场顺时针方向旋转，导体相对磁极则为逆时针方向切割磁力线。在导条内产生感应电流 i，磁场又会对转子导体产生电磁力 f，f 的方向由左手定则确定。于是在电磁转矩 T 的驱动下，转子就会沿着 m 的方向转起来。

由此可知，三相异步电动机是通过载流的转子绕组在磁场中受力情况而使电动机旋转的，而转子绕组中的电流由电磁感应产生，并非外部输入，故三相异步电动机又称为三相感应电动机。

5. **转差率**

三相异步电动机只有在 $n \neq n_1$ 时，转子绕组与气隙旋转磁通密度之间才有相对运动，才能在转子绕组中感应电动势、电流，产生电磁转矩。可见，三相异步电动机运行时，转子的转速 n 总是与同步转速 n_1 不相等，“异步”的名称就是由此而来的。即使轴上不带任何机械负载，转子也不可能加速到与 n_1 相等。转子转速 n 永远低于 n_1，因为当 $n=n_1$ 时，转子导体对气隙磁场的相对切割速度 $\Delta n=n_1-n=0$，即 $\Delta v=0$，转子就不会再产生感应电动势，则 $E_2=-I_2=0$。

通常把同步转速 n_1 和电动机转子转速 n 之差与同步转速 n_1 的比值称为转差率（也叫作转差或者滑差），用 s 表示，即

$$s = \frac{n_1 - n}{n_1}$$

虽然 s 是一个没有单位的量，但它的大小能反映电动机转子的转速。例如：n=0 时，

s=1；n=n_1时，s=0；n>n_1时，s<0。

正常运行的异步电动机，转子转速n接近同步转速n1，转差率s很小，一般s=0.01 ~ 0.05。

例4.1某三相异步电动机，电源频率为50Hz，空载转差率So=0.00267，额定转速n_N=730 r/min，试求：电动机的极对数2p、同步转速n_1、空载转速n_o、额定转差率s_N。

解：旋转磁场的同步转速为

$$n_1 = \frac{60 f_1}{p} = \frac{60 \times 50}{p} = \frac{3000}{p}$$

当异步电动机满载时，s<0.06，故异步电动机的额定转速略小于磁场同步转速，由此可知m=750 r/min，p=4，2p=8。

额定转差率为

$$s_1 = \frac{n_1 - n}{n_1} = \frac{750 \times 730}{750} = 2.67\%$$

空载转速为

no=（1-so）n_1=（1-0.267%）× 750 r/min=748 r/min

二、三相异步电动机的基本结构

三相异步电动机主要由定子和转子两大部分组成。定子与转子之间是气隙，基本结构包括：转子绕组、端盖、轴承、定子绕组、转子、定子、集电环、出线盒。

1. 异步电动机的定子

异步电动机的定子由机座、定子铁芯和定子绕组三部分组成。

（1）定子铁芯

定子铁芯是异步电动机主磁通磁路的一部分，装在机座里。由于电机内部的磁场是交变的磁场，为了降低定子铁芯里的铁损，因而定子铁芯采用0.35 ~ 0.5mm厚的硅钢片叠压而成，在硅钢片的两面还应涂上绝缘漆。定子的槽形分为三种类型：开口槽、半开口槽、半闭口槽。

（2）定子绕组

高压大、中型容量的异步电动机三相定子绕组通常采用Y联结，只有三根引出线，对于中、小容量的低压异步电动机，通常把定子三相绕组的六根出线头都引出来，根据需要可接成Y或Δ联结。

（3）机座

机座的作用主要是为了固定与支撑定子铁芯。

2. 异步电动机的转子

异步电动机的转子主要是由转子铁芯、转子绕组和转轴三部分组成的。

（1）转子铁芯

转子铁芯也是电动机主磁通磁路的一部分，用 0.35 ～ 0.5mm 厚的硅钢片叠压而成。

（2）转子绕组

三相异步电动机按转子绕组结构的不同，可分为绕线式转子和笼型转子两种；根据转子的不同，异步电动机分为绕线转子异步电动机和笼型异步电动机。

①绕线式转子绕组与定子绕组相似，也是嵌放在转子槽内的对称三相绕组，通常采用 Y 联结。转子绕组的 3 条引线分别接到 3 个集电环上，用一套电刷装置，以便与外电阻接通。一般把外接电阻串入转子绕组回路中，用以改善电动机的运行性能。

②笼型转子绕组与定子绕组大不相同，它是一个短路绕组。在转子的每个槽内放置一根导条。每根导条都比铁芯长，在铁芯的两端用两个铜环将所有的导条都短路起来。如果把转子铁芯去掉，剩下的绕组形状像个松鼠笼子，因此叫作笼型转子。槽内导条材料有铜的，也有铝的。

3. 气隙

异步电动机定、转子之间的空气间隙简称为气隙，它比同容量直流电动机的气隙要小得多。在中、小型异步电动机中，气隙一般为 0.2 ～ 1.5 mm。

异步电动机的励磁电流是由定子电源供给的。气隙较大时，磁路的磁阻较大。若要使气隙中的磁通达到一定的要求，则相应的励磁电流也就大了，从而影响电动机的功率因数。为了提高功率因数，尽量让气隙小些，但也不应太小，否则，定、转子有可能发生摩擦与碰撞。如果从减少附加损耗以及减少高次谐波磁动势所产生磁通的角度来看，又希望气隙大一点，所以设计电动机时应全盘考虑。

三、三相异步电动机的铭牌数据

异步电动机的机座上都有一个铭牌，铭牌上标有型号和各种额定值。

1. 型号

为了满足工农业生产的不同需要，我国生产了多种型号的电动机，每一种型号代表一系列电动机产品。同一系列电动机的结构、形状相似，零部件通用性很强，容量是按一定比例递增的。

型号是由产品名称中最有代表意义的大写字母及阿拉伯数字表示的，例如：Y 表示异步电动机，R 代表绕线式，D 表示多速等。

国产异步电动机的主要系列有以下两种。

Y 系列：为全封闭、自扇风冷、笼型转子异步电动机。该系列具有高效率、起动转矩大、噪声低、振动小、性能优良和外形美观等优点。

DO2 系列：为微型单相电容运转式异步电动机，广泛用作录音机、家用电器、风扇、记录仪表的驱动设备。

2. 额定值

额定值是设计、制造、管理和使用电动机的依据。

（1）额定功率 P：是指电动机在额定负载运行时，轴上所输出的机械功率，单位是 W 或 kW。

（2）额定电压 Uv：是指电动机正常工作时，定子绕组所加的线电压，单位是 V。

（3）额定电流 IN：是指电动机输出功率时，定子绕组允许长期通过的线电流，单位是 A。

（4）额定频率 fN：我国的电网频率为 50 Hz。

（5）绝缘等级：是指电动机所用绝缘材料的等级。它规定了电动机长期使用时的极限温度与温升。温升是绝缘允许的温度减去环境温度（标准规定为 40℃）和测温时方法不同所产生的误差值（一般为 5℃）。

（6）接线方法：定子绕组有 Y 和 Δ 两种接法。

（7）工作方式：电动机的工作方式分为连续工作制、短时工作制与断续周期工作制，选用电动机时，不同工作方式的负载应选用对应工作方式的电动机。

此外，铭牌上还标明绕组的相数与接法（Y 或 Δ）等。对于绕线转子异步电动机，还标明转子的额定电动势及额定电流。

第二节　三相异步电动机的定子和转子电路

三相异步电动机的定子绕组接到三相对称交流电源时，定子绕组里就会有三相对称电流流过。三相对称电流所产生的定子合成磁动势是一圆形旋转磁动势，在定子和转子中分别产生感应电动势 e_1 和 e_2，事实上三相异步电动机内的气隙磁场是由定子电流和转子电流共同产生的。本节就旋转磁场对定子绕组与转子绕组的作用进行讨论。

下面先分析起动时（堵转时）交流电动机磁场的建立过程。

当定子对称三相绕组频率为 f_1，相序为 U-V-W，相电压为 U_1 的对称三相电压时，定子绕组中就有对称的三相电流 I_1 流过。由定子绕组在气隙中建立的圆形基波旋转磁动势 F_1 的幅值为

$$F_1=\frac{m_1}{2}\times 0.9\frac{N_1\mathrm{k}_{\mathrm{m1}}}{\mathrm{p}}I_1$$

F_1 相对定子的转速为 $n_1=\dfrac{60f_1}{p}$（相对定子的转向为逆时针），F_1 在气隙中产生基波旋转磁场 B_m 在定、转子绕组中分别感应出电动势 E_1 和 E_2，因为转子绕组对称且自行闭合，所以在 E_r 的作用下，转子绕组中就有对称的三相电流 I_2 流过。转子对称三相电流也要建

立一个圆形的基波旋转磁动势 F_r，其幅值为

$$F_2=\frac{m_2}{2}\times 0.9\frac{N_2 k_{m2}}{p}I_2$$

F_2 相对产生它的转子绕组的转速即转子基波磁动势的同步转速，为 $n_2=\frac{60f_2}{p}$，其中，f_2 为转子电流频率。因为转子被堵住，气隙基波磁场 B_m 以同一个转速 n_1 切割转子绕组，所以在定、转子绕组中感应电动势的频率相同，即 $f_1=f_2=f$，则有

$$n_2=\frac{60f_2}{p}=\frac{60f_1}{p}=n_1$$

所以转子静止时的转子基波励磁磁动势跟定子基波励磁磁动势在空间上转速相等。

由于 F_1 和 F_2 在空间上转向一致，转速相等，即它们在空间上同步旋转，相对静止，因而 F_1 和 F 可以矢量相加而成一个合成基波磁动势 Fm，可得转子静止时的异步电动机的磁动势平衡方程式为

$$F_1=F_2=F_m$$

可见，当转子电流 I_2 不等于 0 时，气隙基波磁场 B_m 是由 F_1 和 F_2 合成的基波磁动势 F_m 所建立的，所以称这个合成基波磁动势 F_m 为励磁磁动势。为了分析方便，假设这个基波励磁磁动势是由定子对称三相电流中的分量 I_m 流过对称的定子三相绕组所建立的（I_m 为励磁电流），它的大小由 F_m 决定，即

$$F_m=\frac{m_1}{2}\times 0.9\frac{N_1 k_{m1}}{p}I_m$$

一、旋转磁场对定子绕组的作用

异步电动机的定子绕组是静止不动的，因此通入三相交流电后产生旋转磁场，相对于定子绕组的转速即为同步转速 n_1。定子绕组被以 n_1 转速旋转的磁场切割，若该磁场的极数为 2p，则定子绕组的感应电动势的频率应等于定子电流的频率，即

$$f_1=\frac{pn_1}{60}$$

定子每相绕组中由旋转磁场产生的感应电动势为

$$e_1=-N_1\frac{d\phi}{dt}$$

e_1 也是一个正弦量，只是在相位上要滞后 90°，其有效值为

$$E_1=4.4\ k_1 f_1 N_1 \phi_m$$

式中 f——e_1 的频率，也是定子电流的频率，单位为 Hz；

N_1——定子每相绕组的匝数；

Φ_m——旋转磁场的每极磁通，即穿过定子绕组交变磁通的最大值，单位为 Wb；

K_1——定子绕组的绕组函数，K 的值取决于绕组分布的位置与绕组绕制的形式，

$K_t \leqslant 1$。

定子电流除产生旋转磁场（主磁场）外，还产生漏磁通 $\Phi_{\sigma1}$。漏磁通仅与定子绕组相交链，而与转子绕组不相交链。因此，在定子每相绕组中还要产生漏磁电动势，为

$$e_{\sigma1} = -L_{\sigma1}\frac{di_1}{d_t}$$

与变压器一次绕组的情况一样，加在定子每相绕组上的电压也是具有三个分量，列方程如下：

$$u_1 = i_1R_1 + (-e_{\sigma1}) + (-e_1) = i_1R_1 + L_{\sigma1}\frac{d_{i1}}{d_t} + (-e_1)$$

用向量表示为

$$\dot{U}_1 = \dot{I}_1R_1 + (-\dot{E}_{\sigma1}) + (-\dot{E}_1) = \dot{I}_1R_1 + j\dot{I}_1X_1 + (-\dot{E}_1)$$

$$X_1 = 2\pi f_1 L_{1\sigma}$$

式中 R_1，X_1 分别是定子每相绕组的电阻和感抗（由漏磁通引起）。

由于 R_1，X_1 较小，其上的电压降可不计，则有 $u_1 \approx -e_1$ 或

$$U_1 \approx E_1 = 4.4\ \ k_1 f_1 N_1 \phi_m$$

因为 $K_1f_1N_1$ 不变，所以 Φ_m 由 U_1 决定。在外加电压 U_1 恒定时，可认为 E_1 与 Φ_m 是基本不变的。

二、旋转磁场对转子绕组的作用

异步电动机之所以能转动，是因为转子绕组产生感应电动势，从而有转子电流，而这个电流与旋转磁场相作用产生电磁转矩。因此，在讨论电动机转矩之前，必须先弄清转子电路中的各个物理量：转子电动势 e_2、转子电流 I_2、转子电流频率 f_2、转子电路的功率因数 $\cos\Phi_2$、转子绕组的感抗 X_2 以及它们之间的关系。

1. 转子电流频率 f_2 分析

旋转磁场在转子每相绕组中感应出的电动势为

$$e_2 = -N_2\frac{d\phi}{dt}$$

其有效值为

$$E_2 = 4.4\ \ k_2 f_2 N_2 \phi_m$$

式中 K_2——转子绕组函数，由转子绕组的分布所决定（$K_2<1$）；

N_2——转子绕组的匝数；

f_2——转子电动势 e_2 或称转子电流 i_2 的频率。

因为当转子以 n 转速转动时，旋转磁场与转子之间的相对转速为 n_1-n，所以

$$f_2 = \frac{p(n_1 - n)}{60}$$

也可写成

$$f_2=\frac{(n_1-n)}{n_1}\frac{pn_1}{60}=s\frac{p\times 60f_1}{60p}=sf_1$$

可见，转子电动势的频率 f_2 与转差率 s，也就是转子的转速 n 有关。

在 n=0，即 s=1 时（电动机起动瞬时），转子与旋转磁场间的相对转速最大，转子导体被旋转磁场切割得最快，所以此时 f_2 最大，即 $f_2=f_1$。

异步电动机在额定负载时，s=1% ~ 5%，则 f_2=0.5 ~ 2.5 Hz（f_1=50 Hz）。

2. **转子电动势 e2 分析**

将两个公式互相带入，则有

$$E_2=4.4\ \ k_2sf_2N_2\phi_m$$

在 n=0 时，即 s=1 时，转子电动势为

$$E_{20}=4.4\ \ k_2f_1N_2\phi_m$$

此时，$f_2=f_1$，转子电动势最大。

由两个公式结合可得

$E_2=sE_{20}$

可见，转子的电动势 E_2 与转差率 s 有关。

3. **转子电流 1；分析**

转子每相电路的电流为

$$I_2=\frac{E_2}{\sqrt{R_2^2+X_2^2}}=s\frac{E_{20}}{\sqrt{R_2^2+sX_{20}^2}}$$

当 s 增大时，转子与旋转磁场间的相对转速 n_1-n 增大，转子导体被磁场切割的速度提高，于是 E_2 增大，I_2 也增加。

分析：

当 s=0 时，I_2=0。

当 s 很小时，$R_2>>sX_{20}$，I_2 与 s 近似成正比。

当 s 接近 1 时，$sX_{20}>>R_2$，$I_2\approx E_2/X_{20}$= 常数。

可见，转子电流与转差率 s 有关。

4. **转子的功率因数分析**

由于转子有漏磁通 Φa_2，相应的感抗为 X_2，因此 I_2 比 E_2 滞后 Φ_2 角。因此，转子的功率因数为

$$\cos\varphi_2=\frac{E_2}{\sqrt{R_2^2+X_2^2}}=s\frac{E_{20}}{\sqrt{R_2^2+sX_{20}^2}}$$

分析：

当 s 增大时，X_2 也增大，于是 $\cos\Phi_2$ 减小。

当 s 很小时，$R_2>>sX_{20}$，$\cos\Phi_2\approx 1$。

当 s 接近 1 时，$sX_{20}>R_2$，$\cos\Phi_2\approx R_2/sX_{20}$，二者之间近似成反比。

可见，cosΦ2 与转差率 s 有关。

由上述可知，转子电路中的各个物理量均与转差率有关，亦即与转速有关，这是在学习异步电动机中应注意的一个特点。

5. 等效电路

通过运行分析，我们得出了定子、转子电动势及电流的基本关系，但由于定子和转子的频率、相数、匝数的不同，因此不便于利用这些方程求解。像变压器那样，如将电磁关系利用等效电路表示，就可使分析和运算大为简化。要得出异步电动机的等效电路，必须解决两个问题：

一是频率折算。将旋转着的转子电路参数折算为静止的转子电路参数。

二是绕组折算。将经过频率折算后，等效的静止转子电路参数，折算到定子电路中。

（1）频率折算

异步电动机旋转时，定子电路频率为 f_1=f，转子电路频率为 f_2=s_f，这是与变压器不同之处。显然，若要将转子电路并入定子电路，必须将 f_2 等效折算为 f_1，消除定、转子电路频率的差别。

附加电阻 1-s/sR_2 是阻值随转速变化的可变电阻。它在电路中消耗的电功率随转速而变化，但实际的电动机转子中并没有这部分电功率，而是产生了机械功率。所以，附加电阻吸取的电功率实质代表了转子产生的机械功率，是转子输出机械能在电路中的反映。如图 3-4 所示。

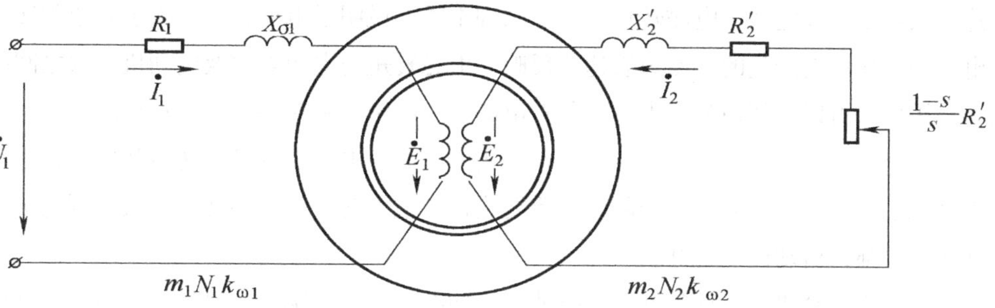

图 3–4　转子绕组频率折算后的异步电动机的定、转子电路

（2）绕组折算

由于定子和转子绕组结构的不同，其感应电动势也不一样，即 E ≠ E，因此，频率折算后，仍要在等效的前提下，用一个与定子绕组结构相同的等效转子绕组替代实际的转子绕组，从而将转子回路并入定子回路，这就是绕组折算，同变压器相似。

励磁电流，近似等于定子绕组的空载电流，也就是说，空载时的转子电流近似为零，定子电流主要用来建立磁场。

可以看出，异步电动机的等效电路与变压器很相似。不同之处在于，变压器等效电路中的是二次侧所接实际负载阻抗，电动机等效电路中的则是反映电动机产生机械功率的等效附加电阻。

折算过程中必须保持异步电动机的电、磁关系不变，功率及损耗不变。折算后的转子参数加’表示。

第三节　三相异步电动机的机械特性

异步电动机具有结构简单、运行可靠、价格低、维护方便等一系列的优点，因此，异步电动机被广泛应用在电力拖动系统中。尤其是随着电力电子技术的发展和交流调速技术的日益成熟，使得异步电动机在调速性能方面大大提高。目前，异步电动机的电力拖动已被广泛地应用在各个工业电气自动化领域中。就从三相异步电动机的机械特性出发，主要简述电动机的启动、制动、调速等技术问题。

一、三相异步电动机的机械特性

三相异步电动机的机械特性是指电动机的转速 n 与电磁转矩 T_{em} 之间的关系。因为转速 n 与转差率 S 有一定的对应关系，所以机械特性也常用 T_{em}=f（s）的形式表示。三相异步电动机的电磁转矩表达式有三种形式，即物理表达式、参数表达式和实用表达式。物理表达式反映了异步电动机电磁转矩产生的物理本质，说明了电磁转矩是由主磁通和转子有功电流相互作用而产生的。参数表达式反映了电磁转矩与电源参数及电动机参数之间的关系，利用该式可以方便地分析参数变化对电磁转矩的影响和对各种人为特性的影响。实用表达式简单、便于记忆，是工程计算中常采用的形式。电动机的最大转矩和启动转矩是反映电动机的过载能力和启动性能的两个重要指标，最大转矩和启动转矩越大，则电动机的过载能力越强，启动性能越好。

三相异步电动机的机械特性是一条非线性曲线。一般情况下，以最大转矩（或临界转差率）为分界点，其线性段为稳定运行区，而非线性段为不稳定运行区。固有机械特性的线性段属于硬特性，额定工作点的转速略低于同步转速。人为机械特性曲线的形状可用参数表达式分析得出，分析时关键要抓住最大转矩、临界转差率及启动转矩这三个量随参数的变化规律。

三相异步电动机的机械特性简单概括就是：在电动机的定子电压、频率还有绕组参数不变的情况下，电动机的转速或转差率与电磁转矩之间的关系，即 n=f（T）或 s=f（T）转速与转差率有某种程度上的对应关系。机械特性可以用函数来表示，也可以用曲线来表示。用函数表达机械特性曲线时有三种表达形式，包括物理表达式、参数表达式以及实用表达式。物理表达式描述的是异步电动机电磁转矩是如何产生的。可知是因为主磁通与转子有功电流互相作用得以产生的电磁转矩。参数表达式描述的是电动机和电源参数和电磁转矩的关系，应用这一关系式，能够很便捷地描述参数变化对电磁转矩以及人为特性的影响。实用表达式简单方便，有利于记忆，常常出现在工程计算中。

三相异步电动机的机械特性包括固有机械特性和人为机械特性。固有机械特性指的是异步电动机在工作时达到额定电压和额定频率时，电动机按照正确的接线方式，在定子还有转子中没有外接电容电抗电阻时得到的机械特性曲线。人为机械特性指的是人为改变电源电压、电流频率、定子极对数以及定子与转子电路的电阻与阻抗能够得到的不同机械特性。

用来反映过载能力和启动性能的两个非常主要的指标是电动机的最大转矩和启动转矩。电动机的过载能力、启动性能和最大转矩、启动转矩有相同的变化趋势。三相异步电动机的机械特性是以一条非线性曲线表现出来的。

1. 三相异步电动机的固有机械特性

将定子对称三相绕组按规定的接线方式连接，不经任何阻抗（电阻或电抗）而直接施以额定电压、额定频率的对称三相电压，转子回路也不串任何阻抗，直接自行短接。在这种情况下的感应电动机的 n=f（T）关系，称为固有机械特性，其上有几个特殊运行点：

（1）起动点 A。该点的 s=1，对应的电磁转矩为固有的起动转矩 T_{st}，即为直接起动时的起动转矩；对应的定子电流即为直接起动时的起动电流 I_{st}。

（2）临界点 P。该点的 $s=s_m$，对应的电磁转矩 T_{st} 即为电动机所能提供的最大转矩。

（3）额定点 B。在固有特性上，额定点 B 所对应的 $n=n_N$，$T=T_N$、$I=I_N$、$I_2=I2_N$、$P_2=P_N$，即该机运行于额定状态。

（4）同步点 H。同步点又称为理想空载点，该点 $n=n_1$（即 s=0），T=0，$E_2=0$，$I_2=0$，$I_1=I_m$，电动机处于理想空载状态。

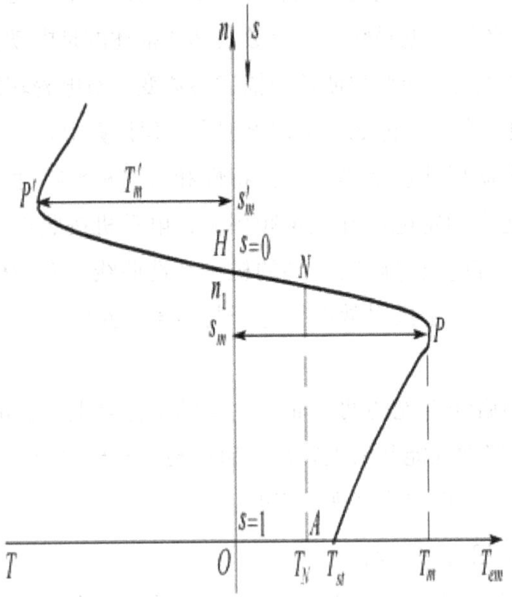

图 3–5　三相异步电动机的固有机械特性曲线

2. 三相异步电动机的人为机械特性

人为机械特性就是人为地改变电源参数或电动机参数而得到的机械特性。三相异步电动机的人为机械特性主要有以下两种。

（1）降低定子电压的人为机械特性

在电磁转矩的参数表达式中，保持其他量都不变，只改变定子电压的大小。因为异步电动机的磁路在额定电压下工作接近饱和点，故不宜再升高电压，所以只讨论降低定子电压 U_1 时的人为机械特性。

由机械特性参数表达式可知，当定子电压 U_1 降低时，电磁转矩与 U_{12} 成正比地降低，则最大电磁转矩 T_m 与起动转矩都随电压二次方降低；同步点不变；临界转差率与电压无关，即 sm 也保持不变。

（2）转子串电阻的人为机械特性

转子串电阻的方法适用于绕线转子异步电动机。在转子回路内串入三相对称电阻时，同步点不变；s_m 与转子电阻成正比变化；而最大电磁转矩 T_m 因与转子电阻无关而不变。

二、三相异步电动机的启动

小容量的三相异步电动机可以采用直接启动，容量较大的笼型电动机可以采用降压启动。降压启动分为定子串接电阻或电抗降压启动。Y-D 降压启动和自耦变压器降压启动。定子串电阻或电机降压启动时，启动电流随电压一次方关系减小，而启动转矩随电压的平方关系减小，它适用于轻载启动。Y-D 降压启动只适用于正常运行时为三角形联结的电动机，其启动电流和启动转矩均降为直接启动时的 1/3，它也适用于轻载启动。自耦变压器降压启动时，启动电流和启动转矩均降为直接启动时的 1/k2（k 为自耦变压器的变比），适合带较大的负载启动。

绕线转子异步电动机可采用转子串接电阻或频敏变阻器启动，其启动转矩大，启动电流小，适用于中、大型异步电动机的重载启动。软启动器是一种集电机软启动、软停车、轻载节能和多种保护功能于一体的新型电动机控制装置，国外称为 Soft Starter。它的主要构成是串接于电源与被控电动机之间的三相反并联晶闸管及其电子控制电路。运用串接于电源与被控电动机之间的软启动器，以不同的方法控制其内部晶闸管的导通角，使电动机输入电压从零以预设函数关系逐渐上升，直至启动结束，赋予电动机全电压，即为软启动。在软启动过程中，电动机启动转矩逐渐增加，转速也逐渐增加。软启动器实际上是个调压器，用于电动机启动时，输出只改变电压并没有改变频率。

三、三相异步电动机的制动

三相异步电动机也有三种制动状态：能耗制动、反接制动（电源两相反接和倒拉反转）和回馈制动。这三种制动状态的机械特性曲线、能量转换关系及用途、特点等均与直流电动机制动状态类似。

1. 能耗制动

（1）三相异步电动机处于电动状态，如果突然切断电源；

（2）同时把直流电通入定子绕组，产生空间固定的磁通势；

（3）转子因惯性继续旋转，转子导体中产生感应电动势和感应电流；

（4）转子感应电流与恒定磁场作用产生电磁转矩，该转矩为制动转矩；

电磁转矩的方向和转速方向相反，电动机处于制动运行状态，因此转速迅速下降，当转速下降到零时，转子感应电动势和感应电流均为零，制动过程结束。在上述制动过程中，转子的动能转化为电能消耗在转子回路的电阻中，故称为能耗制动过程。

2. 反接制动

处于正向电动运行的三相绕线式异步电动机，当改变三相电源的相序时，同时在转子回路中串入三相对称电阻电动机便进入了反接制动过程。

3. 回馈制动

回馈制动状态实际上就是将轴上的机械能转变成电能，并回馈到电网的异步发电机状态。电动机回馈制动时，仍从电网吸取无功电流建立磁场，与电动机工作状态一样。如果把一三相异步电动机定子绕组接入电网以建立磁场，另用原动机带动电动机旋转，使转速高于同步转速，这样电动机就能将原动机的机械功率转换成电动率输出，这就是异步发电机的工作原理。

第四节　三相异步电动机的电力拖动

一、三相异步电动机的起动与反转

三相异步电动机的起动就是转子转速从零开始到稳定运行为止的这一过程。衡量异步电动机起动性能的好坏要从起动电流、起动转矩、起动过程的平滑性、起动时间及经济性等方面来考虑，其中最主要的是电动机应有足够大的起动转矩；在保证一定大小的起动转矩的前提下，起动电流越小越好。

异步电动机在刚起动时 s=1，若忽略励磁电流，则起动电流即短路电流，其数值很大，一般用起动电流倍数来表示。

起动电流倍数是指电动机的起动电流与额定电流的比值，约为 5 ~ 8 倍。这样大的起动电流，一方面在电源和线路上产生很大的压降，影响其他用电设备的正常运行，使电灯亮度减弱，电动机的转速下降，欠电压继电保护动作而将正在运转的电气设备断电；另一方面，电流很大将引起电动机发热，特别是对频繁起动的电动机，其发热更为厉害。

那么起动电流大时，起动转矩又如何呢？起动时虽然电流很大，但定子绕组抗压降变大，电压为定值，则感应电动势将减小，主磁通将减小，并且起动时电动机的功率因数很小，所以起动转矩并不大。

总之，异步电动机在起动时存在以下两种矛盾：起动电流大，而电网承受冲击电流的能力有限；起动转矩小，而负载又要求有足够的转矩才能起动。下面分别讨论不同情况下的异步电动机的常用起动方法。

1. 笼型异步电动机的起动

（1）直接起动

直接起动就是利用开关或接触器将电动机的定子绕组直接接到具有额定电压的电网上，也称为全压起动。这种起动方法的优点是操作简便，起动设备简单；缺点是起动电流大，会引起电网电压波动。现代设计的笼型异步电动机，本身都允许直接起动。因此，对于笼型异步电动机而言，直接起动方法的应用主要受电网容量的限制。

对于一般小型笼型异步电动机，如果电源容量足够大时，应尽量采用直接起动方法。对于某一电网，多大容量的电动机才允许直接起动，可按经验公式来确定，即

电动机的起动电流倍数必须符合电网允许的起动电流倍数才允许直接起动，否则应采取减压起动。一般 10kW 以下的电动机都可以直接起动。随电网容量的加大，允许直接起动的电动机容量也变大。

（2）减压起动

若电动机容量较大，则不能直接起动。此时，若仍是轻载起动，起动时的主要矛盾就是起动电流大而电网允许冲击电流有限的矛盾，对此只有减小起动电流才能予以解决。而对于笼型异步电动机，减小起动电流的主要方法是减压起动。

减压起动是指电动机在起动时降低加在定子绕组上的电压，起动结束后再恢复额定电压运行的起动方式。

减压起动虽然能降低电动机起动电流，但由于电动机的转矩与电压的二次方成正比，因此减压起动时电动机的转矩也减小较多，故此法一般适用于电动机空载或轻载起动。减压起动的方法有以下几种。

①定子串接电抗器的减压起动方法：起动时，将电抗器（或电阻）接入定子电路，分掉一部分电压，从而起到降压的目的；起动后，切除所串的电抗器（或电阻），电动机在全压下正常运行。

三相异步电动机定子边串入电抗器（或电阻）起动时，定子绕组实际所加电压降低，从而减小了起动电流。但定子边串电阻起动时，能耗较大，实际应用不多。

② Y-Δ 减压起动方法：在起动时将定子绕组接成星形，起动完毕后再换接成三角形。

注意：此方法只适用于正常运行时定子绕组接成三角形的电动机，其每相绕组均引出两个出线端，三相共引出六个出线端。这样，在起动时就把定子每相绕组上的电压降到正常工作电压的 1/3。三角形联结时每相绕组的相电压与线电压相等，相电流是线电流的 1/3，即三角形起动时的起动转矩是直接起动时的 1/3。

③自耦减压起动方法：就是在起动时，利用三相自耦变压器降低加到电动机定子绕组的电压，以减小起动电流的起动方法。

（3）深槽式与双笼式电动机的起动

从笼型电动机的起动情况看，若采用全压起动，则起动电流过大，既影响电网电压，又不利于电机本身；若采用减压起动，虽然可以减少起动电流，但起动转矩也相应减小。倘若适当增加转子电阻，就可以在一定范围内提高起动转矩、减小起动电流。为此，人们通过改进笼结构，利用趋肤效应来实现转子电阻的自动调节，即起动时电阻较大，正常运转时电阻变小，以达到改善起动性能的目的。具有这种改善起动性能的笼型电动机有深槽式和双鼠笼式两种。

①深槽式异步电动机的转子槽做得又深又窄。当转子绕组有电流时，槽中漏磁通的分布是越靠底边导体所链的漏磁通越多，槽漏抗越大。

在起动时，转子频率高，漏抗在阻抗中占主要部分。这时，转子电流的分布基本上与漏抗成反比，其效果犹如导体有效高度及截面积缩小，增大了转子电阻，因而可以增大起动转矩，改善电动机的起动性能。这种在频率较高时，电流主要分布在转子上部的现象，称之为趋肤效应。

正常运转时，转子电流频率很小，相应漏抗减少，这时导体中电流分配主要取决于电阻且均匀分布，趋肤效应消失，转子电阻减小，于是深槽式电动机获得了与普通笼型电动机相近的运行特性。但深槽式电动机由于其槽狭而深，故正常工作时漏抗较大，致使电动机功率因数 . 过载能力稍有降低。

②双笼型异步电动机的转子上安装了两套笼。两个笼间由狭长的缝隙隔开，显然里面的笼相连的漏磁通比外面的笼大得多。外面的笼导条较细，采用电阻率较大的黄铜或铝青铜等材料制成，故电阻较大，称为起动笼；里面的笼截面积较大，采用电阻率较小的纯铜等材料制成，故电阻较小，称为运行笼。

2. 三相绕线转子异步电动机的起动

中、大容量电动机重载起动时，起动的两种矛盾同时起作用，问题最尖锐。如果上述特殊形式的笼型转子电动机还不能适应，则只能采用绕线转子异步电动机了。在绕线转子异步电动机的转子上串接电阻时，如果阻值选择合适，既可以增大起动转矩，又减小起动电流，两种矛盾都能得到解决。三相绕线转子异步电动机的起动方法通常有转子串接电阻起动和转子串接频敏变阻器起动两种方法。

（1）转子串接电阻起动方法

绕线转子异步电动机的转子是三相绕组，它通过集电环与电刷可以串接附加电阻，因此可以实现一种几乎理想的起动方法。即在起动时，在转子绕组中串接适当的起动电阻，以减小起动电流，增加起动转矩，待转速基本稳定时，将起动电阻从转子电路中切除，进入正常运行。

转子串电阻起动，在整个起动过程中产生的转矩都是比较大的，适合于重载起动，广泛用于桥式起重机、卷扬机、龙门起重机等重载设备。其缺点是所需起动设备较多，起动时有一部分能量消耗在起动电阻上，起动级数也较少。

（2）转子串接频敏变阻器起动方法

转子串频敏变阻器起动，能克服串接变阻器起动中分级切除电阻造成起动不平滑、触头控制可靠性差等缺点。

所谓频敏变阻器，实质上是一台铁损很大的电抗器。它是一个三相铁芯线圈，其铁芯不用硅钢片而用厚钢板叠成。铁芯中产生涡流损耗和一部分磁滞损耗，铁芯损耗相当于一个等效电阻，其线圈又是一个电抗，其电阻和电抗都随频率变化而变化，故称为频敏变阻器。

起动时，$s=1$，$f_2=f_1=50Hz$，此时频敏变阻器的铁芯损耗大，等效电阻大，既限制了起动电流增大了起动转矩，又提高了转子回路的功率因数。

随着转速 n 升高，s 下降，f_2 减小，铁芯损耗和等效电阻也随之减小，相当于逐渐切除转子电路所串的电阻。起动结束时，频敏变阻器基本上已不起作用，可以予以切除。

频敏变阻器起动具有结构简单、造价便宜、维护方便、无触点、运行可靠、起动平滑等优点。但与转子串电阻起动相比，在同样的起动电流下，因它具有一定的线圈电抗，功率因数较低，起动转矩要小一些，故一般适用于电动机的轻载起动。

3. **三相异步电动机的反转**

由三相异步电动机的工作原理可知，电动机的旋转方向取决于定子旋转磁场的旋转方向。因此，只要改变旋转磁场的旋转方向，就能使三相异步电动机反转。方法是将三相定子绕组首端的任意两根与电流相连的线对调就改变了绕组中电流的相序，I 的方向变了，则电动机的转向与输出转矩的方向也都随着发生变化。

二、三相异步电动机的调速

为提高生产率和保证产品质量，常要求生产机械能在不同的转速下进行工作，但三相异步电动机的调速性能远不如直流电动机。近年来，随着电力电子技术的发展，异步电动机的调速性能大有改善，交流调速应用日益广泛，在许多领域有取代直流调速系统的趋势。

调速是指在生产机械负载不变的情况下，人为地改变电动机定子、转子电路中的有关参数，来达到速度变化的目的。

从异步电动机的转速关系式可以看出，异步电动机调速可分为以下三大类：

1. 改变定子绕组的磁极对数——变极调速。

2. 改变供电电网的频率——变频调速。

3. 改变电动机的转差率。方法有改变电压调速、绕线转子电动机转子串电阻调速和串级调速。

第四章　变压器

第一节　变压器概述

变压器是一种静止电器，它利用电磁感应作用将一种电压、电流的交流电转换成同频率的另一种电压和电流的交流电能。在电力系统和电子线路中，变压器都有着广泛的应用。

在电力系统中，变压器是一种重要的电气设备。在远距离输电时，把交流电功率从发电站输送到远距离的用电区，电压越高，则线路电流越小，因此线路的用铜量、电压降落和损耗就越小。由于发电机的电压受绝缘限制，电压不能做得很高（一般为 10.5 ~ 20kV 左右），因此需用升压变压器将发电机发出的电压升高到输电电压（220 ~ 750kV 或更高），再由输电线路输送出去；电能输送到用电区后，再用降压变压器将电压降低后送到配电区，供各种动力和照明设备使用。所以变压器的生产和使用，对电力系统具有重要意义。

变压器的种类很多，可按其用途、结构、相数、冷却方式等方式来进行分类。

按用途不同变压器可分为电力变压器（又可分为升压变压器、降压变压器、配电变压器、厂用变压器等）、特种变压器（包括电炉变压器、整流变压器、电焊变压器等）、仪用互感器（电压互感器、电流互感器）、试验用高压变压器和调压器等。

按绕组数目分为双绕组、三绕组、多绕组变压器和自耦变压器。

按铁芯结构可分为心式变压器和壳式变压器。

按相数的不同分为单相、三相、多相变压器。

按调压方式可分为有载调压变压器和无励磁调压变压器。

按冷却方式不同可分为干式变压器、油浸式自冷变压器、油浸式风冷变压器、油浸式强迫油循环变压器、充气式变压器等。

电力变压器一般都为油浸式。在电子电路中，变压器还可以用来耦合电路、传递信号、实现阻抗匹配等。

一、变压器的结构

从变压器的功能来看，变压器主要由铁芯和绕组组成。它们是变压器进行电磁感应的基本部分，称为器身；油箱作为变压器的外壳，起冷却、散热和保护作用；变压器油对器身起着冷却和绝缘介质的作用；套管主要起绝缘作用。下面对每部分的结构及作用作简要介绍。

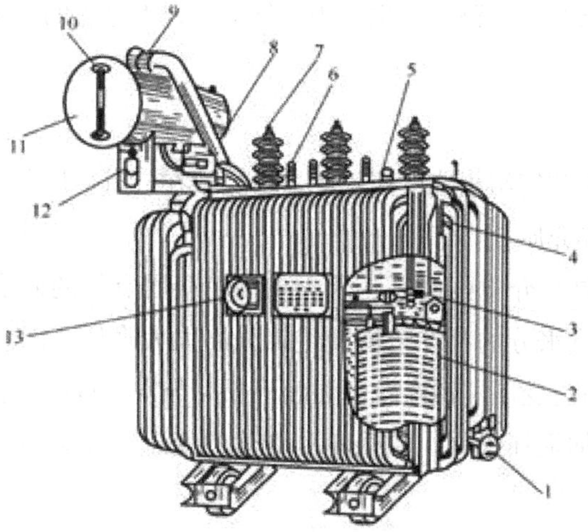

1—放油阀门 2—绕组 3—铁芯 4—油箱 5—分接开关 6—低压套管 7—高压套管
8—气体继电器 9—安全气道 10—油表 11—储油柜 12—吸湿器 13—湿度计

图 4-1　油浸式变压器结构图

1. 铁芯

铁芯是变压器导磁的主磁路，由铁芯柱和铁轭组成。安装绕组的部分叫作铁芯柱，连接各铁芯柱形成闭合磁路的部分叫作铁轭。为了具有较高的磁导率以及减少磁滞和涡流损耗，铁芯多采用 0.35mm 厚的硅钢片叠装而成，片间彼此绝缘。

另外，为了尽量减少变压器的励磁电流，铁芯中不能有间隙，因此相邻两层铁芯叠片的接缝要相互错开。

按铁芯的构造，变压器可分为心式和壳式两种。心式结构的变压器其铁芯柱被绕组包围，壳式结构则是铁芯包围绕组。壳式结构的机械强度较好，但制造复杂，铁芯材料用料多，一般小型干式变压器多采用这种结构。心式结构比较简单，绕组的安装和绝缘比较容易，所以电力变压器广泛采用心式结构。

绕组是变压器的电路部分。其外形一般都是圆柱形，这种形状具有较好的机械性能，不易变形，同时便于绕制，通常用漆包线或纱包线绕成。

绕组由线圈组成，与电源相连的绕组称为一次绕组，与负载相连的绕组称为二次绕组；按结构分为高压绕组（电压较高，匝数较多）和低压绕组（电压较低，匝数较少）。根据高压绕组和低压绕组的相对位置，变压器绕组可分为同心式和交叠式两类。

（1）同心式绕组：高、低压绕组都绕制成圆筒形。为了增加高低压绕组之间的电磁耦合作用，将它们同心地套在铁芯柱上。为了减少绕组对地（铁芯）的绝缘距离，一般将低压绕组套在里面靠近心柱，高压绕组套在低压绕组的外面。同心式绕组的结构简单，制造方便，心式变压器常采用同心式绕组。

（2）交叠式绕组（饼式绕组）：低压绕组和高压绕组各分成若干个线饼，沿着心柱的高度交错地排列。为了减少绝缘距离，通常靠近铁轭处放置低压绕组。交叠式绕组的漏抗较小，易于构成多条并联支路，故主要用于低电压、大电流的电炉变压器和电焊变压器以及壳式变压器中。

2. 变压器油

电力变压器的铁芯和绕组组成变压器的器身，放在装有变压器油的油箱内，变压器油既是绝缘介质又是冷却介质。

变压器油是一种具有介电强度高、着火点高而凝固点低的矿物油。要求灰尘等杂质及水分越少越好，少量水分的存在可能使绝缘强度大大降低，因此防止潮湿空气侵入油中是十分重要的。此外，变压器油在较高湿度下长期与空气接触时会老化而产生悬浮物，堵塞油道且使酸度增加损坏绝缘，故受潮和老化的变压器油必须经过过滤等处理后方能使用。

3. 油箱及附件

（1）油箱

油浸式变压器的外壳就是油箱。箱中盛有用于绝缘的变压器油，可保护变压器铁芯和绕组不受外力和潮气的侵蚀，并通过油的对流对铁芯与绕组进行散热。油箱的结构与变压器的容量或发热情况密切相关，容量越大发热问题就越严重。小容量变压器采用平板式油箱，用钢板焊成；容量稍大时，为增加散热面积而在油箱壁焊有散热器油管，称为管式油箱；容量很大时，为了提高冷却效果可采用散热器式油箱，甚至采用强迫油循环冷却方式。

（2）储油箱

为了减少油与空气的接触面积以降低油的氧化速度和水分的侵入，在油箱上面安装圆筒形的储油箱。储油箱通过连通管与油箱相通，变压器油的热胀冷缩而形成的油面高度的升降便限制在储油箱中。储油箱油面上部的空气由通气管道与外部自由流通，在空气管道中设有吸湿器，空气中的水分大部分被吸湿器吸收。储油箱底部有沉积器，便于定期放出水分和沉淀杂质。

（3）气体继电器

在储油箱和油箱的连通管中装有气体继电器，当变压器内部发生故障或油箱漏油使油面下降时，它可以发出报警信号或跳闸信号以及自动切断变压器电源。

（4）安全气道

安全气道又称为防爆管。当变压器发生严重故障而产生大量气体致使油箱内部压力超过某一限度时，油气将冲破防爆管，从而降低油箱内的压力，避免油箱爆裂。

（5）绝缘套管

变压器的引线从油箱内引到箱外时，必须经过绝缘套管，使带电的引线和接地的油箱绝缘。绝缘套管的结构取决于电压等级，1 kV 以下采用实心磁套管，10 ~ 35 kV 采用空心空气或充油式套管。为了增加表面的放电距离，套管外形做成多级伞形，绕组电压越高，级数就越多。

（6）分接开关

分接开关分为有载分接开关和无励磁分接开关，用来调节绕组的分接头。一般变压器均采用无励磁分接开关，这种分接开关只能在断电情况下进行调节，可改变高压绕组的匝数（即改变电压比），从而调节变压器的输出电压。如果要求在通电情况下调节绕组分接头，则应装设有载分接开关，其结构比较复杂。

二、变压器的型号和额定数据

1. 变压器的型号

每一台变压器都有一个铭牌，铭牌上标注着变压器的型号、额定数据及其他数据。变压器的型号是用字母和数字表示的，字母表示类型，数字表示额定容量和额定电压。例如：SL-1000/10

其中，S 代表三相，L 代表铝线，1000 代表额定容量为 1000V · A，10 代表变压器额定电压为 10 kV。

2. 变压器的额定数据

额定值是制造厂在规定使用环境和运行条件下的重要技术数据，它是制造厂设计和试验变压器的依据。在额定条件下运行时，可以保证变压器长期可靠地工作，并具有优良的性能。额定值通常标注在变压器的铭牌上，故也称为铭牌值。

变压器的额定数据主要有：

（1）额定容量 S_N：是变压器的额定视在功率，单位为 kV · A，它是在铭牌上所规定的额定状态下变压器输出视在功率的保证值。对于三相变压器，额定容量是指三相的总容量。

（2）额定电压 U_{2N}/U_{1N}：U_{1N} 是指电源加到一次绕组上的额定电压；U_{2N} 是一次绕组加上额定电压后二次绕组开路及变压器空载运行时二次绕组的端电压，单位为 V 或 kV。

（3）额定电流 I_{1N}/I_{2N}：根据额定容量和额定电压算出的电流值，单位为 A 或 kA。

对于三相变压器而言，不管一、二次绕组是 Y 或 Δ 联结，铭牌上标注的额定电压和额定电流均为有效值。

对于单相变压器：

$$I_{1N}=\frac{S_N}{U_{1N}},I_{2N}=\frac{S_N}{U_{2N}}$$

对于三相变压器：

$$I_{1N}=\frac{S_N}{\sqrt{3}U_{1N}},I_{2N}=\frac{S_N}{\sqrt{3}U_{2N}}$$

例 5.1 额定容量 S_w=100kV·A，额定电压 U_{1N}/U_{2N}=35000/400 V 的三相变压器，求一、二次侧的额定电流。

解：

$$I_{1N}=\frac{S_N}{\sqrt{3}U_{1N}}=\frac{100\times10^3}{\sqrt{3}\times35000}A=1.65A$$

$$I_{2N}=\frac{S_N}{\sqrt{3}U_{2N}}=\frac{100\times10^3}{\sqrt{3}\times400}A=144.3A$$

（4）额定频率 f_N：我国规定标准工业用电频率为 50 Hz。

除了上述额定数据外，变压器的铭牌上还标注有相数、效率、温升、阻抗电压标幺值、运行方式（长期连续或短时运行）、冷却方式、接线图及联结组别、总重量等参数。

第二节 变压器的空载运行

一、变压器各电磁量正方向的规定

图 4-2 是一台单相变压器的示意图，AX 是一次绕组，匝数为 N_1，ax 是二次绕组，匝数为 N_2。

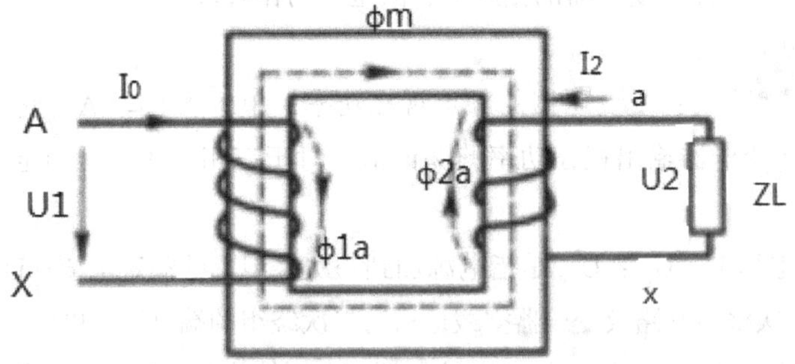

图 4-2 变压器运行时各电磁量规定的正方向

变压器运行时，各电磁量都是随时间而交变的量。因此在列电路方程时，必须先规定它们的正方向。正方向的规定，原则上是可以任意选取的，若正方向规定不同时，则同一电磁过程所列出的公式或方程中有关物理量的正、负号亦不同。在分析变压器时，我们采用了电路原理中常用的惯例，对各物理量的正方向做如下规定：

1. 受电端（即一次侧）电流的正方向与电源电压的正方向取为一致，送电端（即二次侧）电流的正方向与感应电动势的正方向一致。感应电动势的正方向为电位升的方向，如二次侧电动势为 x → a，故二次电流（带负载后）亦应由 x → a。

2. 磁动势的正方向与产生该磁动势的电流的正方向之间符合右手螺旋定律关系。

3. 磁通的正方向与磁动势的正方向取为一致。

4. 感应电动势的正方向（即电位升的方向）与产生该电动势的磁通的正方向之间符合右手螺旋定则关系。

根据 2 和 4，由交变磁通所感应的电动势可知，其正方向与绕组中电流的正方向一致。

二、变压器的空载运行

所谓变压器的空载运行是指变压器一次绕组接交流电源、二次绕组开路时的运行情况。图 4-3 为单相变压器空载运行时的示意图。图中，一次绕组所加电压为 U_1，二次绕组的开路电路为 U_2，N_1 和 N_2 分别为一次绕组和二次绕组的匝数。

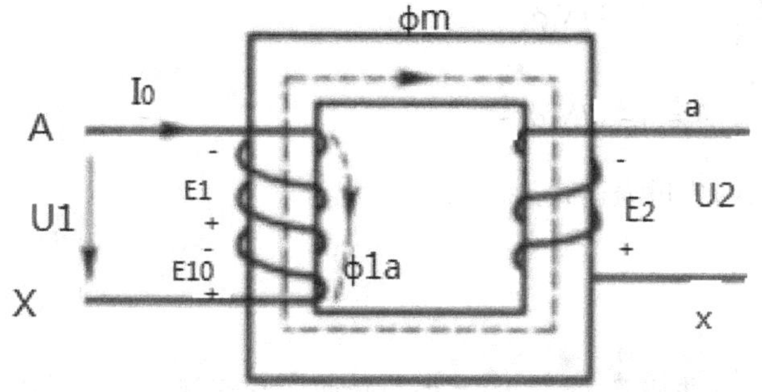

图 4–3　变压器空载运行时的各电磁量

1. *主磁通和漏磁通*

当一次绕组接上交流电源，一次绕组中便有交流电流流过，由于二次绕组开路电流为零，此时一次绕组的电流叫作空载电流用 i_0 表示。空载电流产生交变磁动势 i_0N_1，并建立交变磁通。该磁通分成两部分，绝大部分沿铁芯闭合，同时交链一次和二次绕组，称为主磁通，其幅值用中 Φ_m 表示，其路径叫作主磁路；另外，极少部分磁通只交链一次绕组，该磁通称为漏磁通 Φ，其路径主要是经一次绕组附近的空间而闭合，该路径叫作漏磁路。

主磁通和漏磁通在性质上有着明显的差别：

（1）磁路性质不同：主磁路由铁磁材料构成，可能出现饱和现象，故主磁通与建立主磁通的空载电流不一定成正比关系，并且主磁路的磁阻很小，所以主磁通占总磁通的绝大部分；而漏磁通大部分是由非磁性物质构成，无饱和现象，故漏磁通和空载电流之间成正比关系，且漏磁路的磁阻较大，所以漏磁通很小，仅占总磁通的 0.1% ~ 0.2%。

（2）功能不同：主磁通通过互感作用传递功率，漏磁通不传递功率，只在一次绕组中产生感应电动势，参与一次电压平衡。

2. 主磁通感应电动势

由于主磁通 Φ 是交变磁通，因此将在其所交链一、二次绕组中产生感应电动势。设主磁通按正弦规律变化，用三要素形式表示，即

$$\phi = \phi_m \sin \omega t$$

Φ_m——主磁通的最大值；

Ω——电源角频率。

根据电磁感应定律规定的正方向，在一次绕组中主磁通感应电动势的瞬时值为

$$e_1 = -N_1 \frac{d\phi}{dt} = -N\omega\phi_m \cos\omega t = N_1\omega\phi_m \sin(\omega t - \frac{\pi}{2}) = E_{1m} \sin(\omega t - \frac{\pi}{2})$$

同理，主磁通 Φ 在二次绕组中感应电动势的瞬时值为

$$e_2 = -N_2 \frac{d\phi}{dt} = -N\omega\phi_m \cos\omega t = N_2\omega\phi_m \sin(\omega t - \frac{\pi}{2}) = E_{2m} \sin(\omega t - \frac{\pi}{2})$$

式中，$E_{1m}=N_1\Omega\Phi_m$，$E_{2m}=N_2\Omega\Phi_m$，分别是一、二次绕组感应电动势的幅值。

感应电动势的有效值为

$$E_1 = \frac{\omega N_1 \phi_m}{\sqrt{2}} = \frac{2\pi f N_1 \phi_m}{\sqrt{2}} = 4.44 f N_1 \phi_m$$

$$E = \frac{\omega N_2 \phi_m}{\sqrt{2}} = \frac{2\pi f N_2 \phi_m}{\sqrt{2}} = 4.44 f N_2 \phi_m$$

感应电动势有效值的相量表达式为

$$E_1 = -j4.44 f N_1 \phi_m$$

$$E_2 = -j4.44 f N_2 \phi_m$$

从式中可以看出，电动势 E_1 或 E_2 的大小与磁通交变的频率、绕组匝数以及磁通幅值成正比。当变压器接到固定频率电网时，由于频率、匝数都为定值，因此电动势有效值 E_1 或 E_2 的大小仅取决于主磁通的大小，相位上都滞后 $\Phi_m\pi/2$ 电角度。

3. 漏磁通感应电动势

由于漏磁通也是交变磁通，故漏磁通也可用三要素形式来进行表示，即

$$\phi_{1\sigma} = \phi_{1\sigma m} \sin \omega t$$

故一次绕组漏磁通产生的感应电动势瞬时值为

$$e_{1\sigma} = -N_1 \frac{d\phi_{1\sigma}}{dt} = -N\omega\phi_{1\sigma m} \sin(\omega t - \frac{\pi}{2})$$

式中，$\phi_{1\sigma m}$——一次绕组漏磁通的最大值。

把上式写成向量形式，其有效值相量为

$$\dot{E}_{1\sigma} = -\mathrm{j}\frac{\omega N_1 \dot{\phi}_m}{\sqrt{2}}$$

根据漏电感的定义，代入式中得

$$\dot{E}_{1\sigma} = -\mathrm{j}\omega L_{1\sigma} \dot{I}_0 = -\mathrm{j}X_{1\sigma} \dot{I}_0$$

式中，$X_{1\sigma}=wL_{1\sigma}$，为一次绕组的漏电抗，其数值较小。

4. 变压器空载运行时的电动势方程及电压比

根据基尔霍夫电压定律，对变压器空载运行时，一、二次绕组的回路列写电压方程。

一次绕组的回路电压方程为

$$\dot{U}_1=-\dot{E}_1-\dot{E}_{1\sigma}+\dot{I}_0R_1$$

将两个公式代入，得

$$\dot{U}_1=-\dot{E}_1+jX_{1\sigma}\dot{I}_0+\dot{I}_0R_1=-\dot{E}_1+\dot{I}_0(jX_{1\sigma}+R_1)=-\dot{E}_1+\dot{I}_0Z_1$$

式中，R_1 是一次绕组的电阻，单位为Ω; $Z_1=R_1+jX_{1\sigma}$，是一次绕组的漏阻抗，单位为Ω。

在电力变压器中，空载电流在一次绕组中引起的漏阻抗压降很小，其数值不到 U_1 的 0.2%，因此在分析变压器空载运行时可将其忽略不计，这样可得

$$U_1\approx-E_1\text{或}U_1\approx E_1=4.44fN_1\phi_m$$

结论：当频率和匝数一定时，主磁通 Φ_m 的大小几乎决定于所加电压 U_1 的大小。在二次绕组中，由于绕组开路，电流为零，故二次绕组的开路电压用U_{20}表示，则

$$U_{20}=E_2$$

在变压器中，一次电动势与二次电动势之比称为变压器的电压比，用 K 表示，即

$$K=\frac{E_1}{E_2}=\frac{4.44fN_1\phi_m}{4.44fN_2\phi_m}=\frac{N_1}{N_2}$$

变压器空载运行时，$U_1\approx E_1$，$U_{20}\approx E_2$ 故

$$K=\frac{E_1}{E_2}\approx\frac{U_1}{U_{20}}$$

对于三相变压器来说，不管绕组是 Y 或 Δ 联结，电压比总是指一次、二次绕组相电动势之比，当二次绕组开路时，也可是一次、二次绕组相电压之比。

按定义，K>1 为降压变压器，K<1 为升压变压器。

例 5.2 计算下列变压器的电压比：

（1）额定电压 U_{1N}/U_{2N}=3300/220 V 的单相变压器。

（2）额定电压 U_{1N}/U_{2N}=0000/400 V，Yy 接法的三相变压器。

（3）额定电压 U_{1N}/U_{2N}=10000/400 V，Yd 接法的三相变压器。

解：额定电压 U_{1N}/U_{2N}=3300/220 V 的单相变压器的电压比为

$$K=\frac{U_{1N}}{U_{2N}}=\frac{3300}{220}=15$$

额定电压 U_{1N}/U_{2N}=1000/400 V，Yy 接法的三相变压器的电压比为

$$K=\frac{U_{1N}/\sqrt{3}}{U_{2N}/\sqrt{3}}=\frac{U_{1N}}{U_{2N}}=\frac{1000}{400}=25$$

额定电压 U_{1N}/U_{2N}=1000/400 V，Yd 接法的三相变压器的电压比为

$$K=\frac{U_{1N}/\sqrt{3}}{U_{2N}}=\frac{1000\sqrt{3}}{400}=14.4$$

例 5.3 有一台单相变压器，高压绕组接到 35kV 的工频交流电源上，低压绕组的开路电压是 6.6 kV，铁芯的截面积是 1120 cm2，若选取磁感应强度 B_m=1.5 T，试求该变压器的电压比和高、低压绕组的匝数。

解：变压器的电压比为

$$K=\frac{U_1}{U_{20}}=\frac{35}{6.6}=5.3$$

铁芯中的磁通量为

$$\phi_m=B_m S=1.5\times1120\times10^{-4}Wb=0.168Wb$$

高压绕组的匝数为

$$N_t=\frac{U_1}{4.44f\phi_m}=\frac{35\times10^3}{4.44\times50\times0.168}=938$$

低压绕组的匝数为

$$N_2=\frac{N_1}{K}=\frac{938}{5.3}=177$$

第三节　变压器的负载运行

变压器的负载运行时，一次绕组接交流电源，二次绕组接负载，称为变压器的负载运行。负载阻抗 $Z_L=R_L+jX_L$，其中 R_L 是负载电阻，X_L 是负载阻抗。

一、负载运行时的磁动势守恒及一、二次电流的关系

变压器带负载时，负载上的电压方程为

$$U_2=I_2Z_L=I_2(R_L+jX_L)$$

式中，$\dot{I}_2$是二次电流，又称为负载电流。

变压器负载运行时，一、二次绕组都有电流流过，都要产生磁动势，即$\dot{F}_1$、$\dot{F}_2$按照磁路的安培环路定律；负载运行时，铁芯中的主磁通 Φm 是由这两个磁动势共同作用产生的，即

$$F_1=I_1N_1$$

$$F_2=I_2N_2$$

合成磁动势 $F_m=F_1+F_2=I_1N_1=I_2N_2$

根据变压器一次回路电压方程，由于变压器一次侧的漏阻抗 Z1 很小，故其上的压降很小，可认为主磁通也保持近似不变，因此可以认为变压器空载运行、负载运行时合成磁动势保持不变，即变压器的磁动势守恒：

$$I_0 N_1 = I_1 N_1 + I_2 N_2 \Rightarrow I_1 N_1 = I_0 N_1 + (-I_2 N_2) \Rightarrow I_1 = I_0 + I_{1L}$$

式中，$\dot{I}_{1L} = -\frac{N_2}{N_1}\dot{I}_2$是带负载时增加的电流分量，称为负载分量。

上式表明，变压器负载运行时，一次电流包含两个分量，即励磁电流和负载电流。从功率平衡角度来看，二次绕组有电流，意味着有功率输出，一次绕组应增大相应的电流，增加输入功率，才能达到功率平衡。

变压器负载运行时，由于空载电流很小，故$\dot{I}_1 \approx (-\frac{N_2}{N_1})\dot{I}_2 = \frac{\dot{I}_2}{K}$。可见，二次电流 I_2 变化时，一次电流 I_1 也随之变化，在一、二次电压基本一定时，如果 I_2 增大，变压器输出功率也增大，从而 I_1 也增大，表示一次绕组从电源吸收的功率也随之增加。一、二次绕组之间虽然没有直接电的联系，但是由于两个绕组共用一个磁路，共同交链一个主磁通，借助主磁通的变化，因此通过电磁感应作用，一、二次绕组间实现了电流的变换及电功率的传递。

二、负载运行时二次电压、电流的关系

二次绕组磁动势 $\dot{F}_2 = \dot{I}_2 N_2$，还要产生只交链二次绕组本身而不交链一次绕组的漏磁通，其幅值用 $\Phi_{2\sigma}$ 表示。与一次绕组漏磁通 $\Phi_{1\sigma}$ 对照，虽然各自的路径不同，但此磁路材料性质都基本一样，都包含一段铁磁材料和一段非铁磁材料，且非铁磁材料对应的磁阻远大于铁磁材料，因此 $\Phi_{2\sigma}$ 可以近似认为是线性磁路。$\Phi_{2\sigma}$ 在二次绕组中产生的感应电动势为 $E_{2\sigma}$，同 $E_{1\sigma}$ 类似，即

$$E_{1\sigma} = -j4.44 fL_2\phi_{1\sigma}$$

$$E_{1\sigma} = -j\omega L_{2\sigma} I_2 = -jX_2 I_2$$

式中，$L_{2\sigma}$ 称为二次绕组漏电感；$X_2=\Omega L_{2\sigma}$，称为二次绕组漏电抗，其数值很小，且当角频率 Ω 恒定时 X_2 为常数。

根据基尔霍夫电压定律，二次回路的电压方程为

$$U_2 = E_2 + E_{2\sigma} - I_2 R_2$$

$$U_2 = E_2 - I_2(R_2 + jX_2)$$

$$U_2 = E_2 - I_2 Z_2$$

式中称为二次绕组的漏阻抗；R_2 称为二次绕组的电阻；X_2 称为二次绕组的漏电抗。

例 5.4 一台降压变压器，一次电压 U1=3000 V，二次电压 U_2=220V。如果二次侧接一台 P=25kW 的电阻炉，求变压器一、二次绕组的电流。

解：由题目已知条件易知，二次绕组的电流就是电阻炉的工作电流，故

$$I_2 = \frac{P}{U_2} = \frac{25\times 10^3}{220}A = 114A$$

根据变压器的电压变换和电流变换关系，有

$$\frac{U_1}{U_2}=\frac{N_1}{N_2}=\frac{I_1}{I_2}\Rightarrow\frac{3000}{220}=\frac{114A}{I_1}\Rightarrow I_1=8.3\ A$$

第四节　变压器的阻抗变换

我们分析了变压器的空载运行和负载运行，得出了变压器的电压变换和电流变换关系，本节我们将介绍变压器的阻抗变换关系。

在电子设备中，往往要求负载能获得最大的功率。负载要获得最大功率，必须满足负载电阻与电源内阻相等的条件，即阻抗匹配。在一般情况下，负载阻抗是固定的，不能随意改变，利用变压器选择适当的匝数比，并将变压器接在电源与负载之间，可实现阻抗匹配，从而使负载获得最大的输出功率。

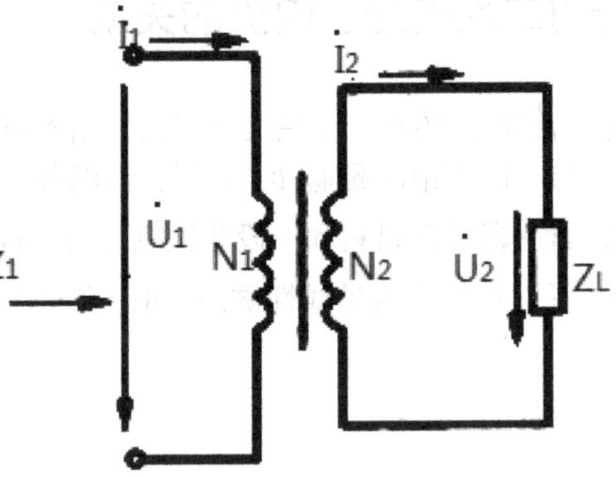

图 4-4　变压器的阻抗变换

如 4-4 所示，从变压器一次绕组两端看进去的阻抗为

$$|Z_1|=\frac{U_1}{I_1}$$

从变压器二次绕组两端看进去的阻抗为

$$|Z_2|=\frac{U_2}{I_2}U_2$$

故阻抗之比为

$$\left|\frac{Z_1}{Z_2}\right|=\frac{\frac{U_1}{I_1}}{\frac{U_2}{I_2}}=\frac{U_1U_2}{U_2I_1}=K^2\Rightarrow|Z_1|=K^2|Z_2|$$

例 5.5 在某收音机中，推挽电路输出阻抗为 36Ω，现欲推动一阻抗为 8Ω 的扬声器，

如果使扬声器获得最大输出功率，需要在扬声器和收音机的输出端之间接入电压比为多少的变压器？如果输出变压器的一次绕组为 230 匝，求阻抗匹配时变压器二次绕组的匝数。

解：根据题目已知条件，$|Z_1|=360\Omega$，$|Z_2|=8\Omega$，根据变压器的阻抗变换有

$$K=\sqrt{\left|\frac{Z_1}{Z_2}\right|}=\sqrt{\frac{360}{8}}=6.7$$

根据变压器电压比的定义可得

$$N_2=\frac{N_1}{K}=\frac{360}{6.7}=34$$

第五节　变压器的运行特性分析

变压器的运行特性主要有外特性和效率特性，变压器的性能指标主要有电压变化率和效率。

一、变压器的外特性和电压调整率

变压器的外特性是指电源电压和负载的功率因数为常数时，变压器二次绕组端电压随负载电流变化的规律，即 $U_2=f(I_2)$。本书对 $U_2=f(I_2)$ 具体的函数关系不进行详细推导，只对结论进行分析，图 4-5 为变压器的外特性曲线。

图 4-5 中列出了几条功率因数不同的外特性曲线。当 I=0 时（即变压器空载），二次绕组端电压 $U=U_{2N}$。

1. 当变压器所带负载为纯电阻性负载时，cosΦ=1，变压器的输出电压随着负载电流 I2 的增大而下降，但下降幅度不大。

2. 当变压器所带负载为感性负载时，cosΦ<1，变压器的输出电压也随着负载电流 I_2 的增大而下降，但下降幅度比带纯电阻性负载时要大。

3. 当负载为电容性负载时，cosΦ<0，为负值，变压器的输出电压随着负载电流 2 的增大而增大。

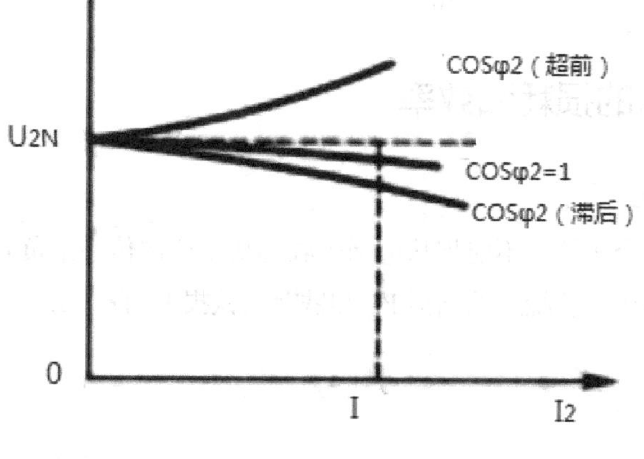

图 4-5　变压器的外特性曲线

上述分析说明功率因数对变压器的外特性影响较大，但若负载的功率因数确定后，则变压器的外特性也将随之确定。

一般情况下，变压器所带负载多为电感性负载，因此负载变化、输出电压也随之上下波动，导致变压器二次绕组的端电压不等于空载电压。从负载用电的角度上看，总是希望电源电压尽可能稳定，即在变压器中二次绕组的输出电压要稳定。采用电压变化率来表示二次绕组电压变化的程度，因此电压变化率是变压器的主要性能指标，反映了变压器供电电压的稳定性。

当变压器负载变动时，二次绕组输出电压的变化程度采用电压调整率来描述，用 ΔU% 来表示，即

$$\Delta U\%=\frac{U_{2N}-U_2}{U_{2N}}\times 100\%$$

在一般变压器中，因为其电阻和漏电抗都很小，电压变化率是不大的，为 5% 左右，所以一般电力变压器的高压绕组均有 ±5% 的抽头，以便进行电压调节。

例 5.6 一单相变压器，额定容量 S_N=50 kV・A，额定电压 U_{1N}=10000 V，U_{2N}=230V，当此变压器向 R=0.824Ω，0.618Ω 的负载供电时正好满载。求该变压器一、二次绕组中的额定电流 $I_{1N}I_{2N}$ 和电压调整率 ΔU%。

解：二次绕组的额定电流为

$$I_{2N}=\frac{S_N}{U_{2N}}=\frac{50\times 10^3}{230}A=217A$$

一次绕组的额定电流为

$$I_{1N}=\frac{S_N}{U_{1N}}=\frac{50\times 10^3}{10000}A=5A$$

变压器所带负载的阻抗值为

$$|Z|=\sqrt{R^2+X_L^2}=\sqrt{0.824^2+0.618^2}\Omega=1.03\Omega$$

二次电压为

$$U_2=I_{2N}|Z|=217\times 1.03V=224V$$

电压调整率为

$$\Delta U\%=\frac{U_{2N}-U_2}{U_{2N}}\times 100\%=\frac{230-224}{230}\times 100\%=2.61\%$$

二、变压器的损耗和效率

1. 变压器的损耗

在实际运行中，变压器并不能把从电网吸收的功率全部传递给负载，在进行能量传递过程的同时会产生损耗，即绕组的铜损 P_{cu} 和铁芯的铁损 P_{Fe} 两部分。

（1）铁损与磁通有关。当电源电压 U1 和频率 f 不变时，$U_1 \approx E_1 = 4.44N_1 f\Phi_m$，则铁芯中的磁通量 Φ_m 基本保持不变，则铁损也基本不变，所以可以将铁损称为不变损耗，它与负载电流的大小和性质无关。

（2）变压器的一、二次绕组都有一定的电阻。当电流流过时，就会产生损耗，这就是铜损。铜损 P_{cu} 与电流的二次方成正比，该损耗取决于负载电流 I_2 的大小，所以铜损又称为可变损耗。在一定负载下，变压器的铜损为

$$P_{CU}=I_1^2R_1+I_2^2R_2=(\frac{N_2}{N_1}I_2)^2R_1+I_2^2R_2=(\frac{R_1}{K^2}+R_2)I_2^2$$

可见，变压器的铜损取决于负载电流 I_2 的大小，也取决于变压器负载的大小。

2. 变压器的效率

按定义，变压器的效率为

$$\eta=\frac{P_2}{P_1}\times100\%=\frac{P_2}{P_2+P_{Fe}+P_{Cu}}\times100\%=\left(1-\frac{P_{Fe}+P_{Cu}}{P_2+P_{Fe}+P_{Cu}}\right)\times100\%$$

由于 $P_2=U_2I_2\cos\varphi_2$，故 η 与 I_2 密切相关。

从效率特性上可以看出，变压器空载时输出功率为零，n=0。轻载时效率较小但随负载的增加而上升较快，当负载达某一数值时效率又开始下降，效率存在一个最大值。利用高等数学的知识，求其一阶导数，令其等于零，可以得出变压器取得最大效率的条件是变压器的铜损等于铁损（即 $P_{cu}=P_{Fe}$）。

第六节　特殊变压器

一、电流互感器

1. 电流互感器的工作原理

电流互感器的主要结构和工作原理与普通变压器相似。电流互感器主要用在大电流场合下，将大电流转换成小电流，实现大电流的测量。

它的一次绕组由一匝或几匝截面积较大的导线构成，且串联在一次侧线路中。二次绕组的匝数较多，导线截面积较小，并与阻抗很小的仪表（如电流、功率表或电度表）电流线圈串联成闭路。因此，电流互感器运行时相当于变压器二次侧短路的情况。

根据磁动势平衡关系，设计电流互感器时，尽量采取措施减小其励磁电流 I_0，最好使 I0≈0，因此把二次电流 I_2 乘以电流比 k 就是一次侧被测电流 I_1。把测二次电流的电表按 k_1I_2 来刻度，从表上可直接读出被测电流 I_1 的大小。

2. 电流互感器的误差及级别

实际上一、二次电流只是近似相差一个常数，无论如何也做不到 $I_0=0$。因此，把一、二次电流按差一个常数 k 处理，则存在着误差。根据误差的大小，电流互感器分为下列等级：0.2、0.5、1.0、3.0、10.0。如 0.5 级的电流互感器表示在额定电流时误差最大不超过 ±0.5%。对各级的允许误差（电流误差与相位误差）可参见国家有关技术标准。

3. 使用电流互感器时应注意的事项

（1）在运行过程中或带电切换仪表时，二次绕组绝对不允许开路。因为当二次绕组开路时，电流互感器成为空载运行，而电流互感器的一次绕组电流是由被测电路电流决定的，此时流入一次绕组的电流不会因二次侧开路而减小。故一次侧电流全部起励磁作用，使铁芯内磁通密度增加许多倍，引起铁损大大增加，导致铁芯过热。更为严重的是二次绕组出现很高的过电压，危及操作人员和仪表的安全。

（2）为防止绝缘被击穿带来的不安全，电流互感器二次绕组和铁芯应可靠接地。

（3）使用时二次侧回路串入的阻抗值不能超过有关技术标准的规定，也就是说电流表不能串得太多，以免影响电流互感器的测量精度。

二、电压互感器

电压互感器主要用在高电压场合，将线路一次侧的高电压变换成二次侧的低电压，用来测量线路上的高电压。

1. 电压互感器的工作原理

电压互感器接并联到被测的电压线路上，低压绕组接到测量仪表的电压线圈上。若仪表个数不止一个，则各仪表的电压线圈应并联在同一电压互感器的二次侧。

电压互感器的一次绕组匝数很多，并联于待测电路两端；二次绕组匝数较少，与电压表及电度表、功率表、继电器的电压线圈并联。把电压互感器的二次电压乘上电压比 k，作为一次侧被测电压的数值。

2. 电压互感器的误差及级别

实际的电压互感器中，一、二次侧漏阻抗上都有压降，因此一、二次电压数值上只是近似相差一个常数，误差必然存在。电压互感器的测量误差按国家标准规定来计算，其误差的大小分为 0.2、0.5、1 和 3 等 4 个等级，其等级的选择与所用电压表、功率表的精度有关。

3. 使用注意事项

（1）二次绕组绝对不容许短路，否则会产生很大的短路电流，引起绕组发热甚至烧坏绕组绝缘，从而导致一次侧回路的高电压侵入二次侧低压回路，危及人身和设备安全。

（2）为安全起见，电压互感器二次绕组的一端与铁芯一起必须可靠接地。

（3）使用时，二次侧串接的阻抗不能太小，以免影响互感器的测量精确度。

三、自耦变压器

自耦变压器与普通双绕组变压器之间的区别在于：自耦变压器的一、二次绕组之间不但有磁的耦合，而且还有电的直接联系，即变压器一次绕组和二次绕组中有一部分是公共绕组。

自耦变压器比普通变压器具有省材料、体积小、重量轻、成本低的特点。在输电系统中，自耦变压器主要用来连接电压相近的电力系统。在配电系统中，用自耦变压器作升压器，以补偿线路的电压降。在工厂或实验室里，自耦变压器被用作调压器或作为异步电动机的补偿起动器。自耦变压器可以看作是由一台双绕组变压器改接而成的。

1. 容量关系

（1）自耦变压器容量（也叫作通过容量）是指自耦变压器的输入容量，也等于它的输出容量，在数值上为输入（或输出）电压乘以电流。当输入（或输出）电压及电流为额定值时，变压器容量即为额定容量 S_N：

$S_N=U_{1N}I_{1N}=U_{2N}I_{2N}$

（2）自耦变压器的绕组容量是指该绕组的电压与电流的乘积，又叫作电磁容量。绕组的额定电压与额定电流乘积，就是该绕组的额定容量。对于双绕组变压器，一次绕组的绕组容量就是变压器的输入容量，二次绕组的绕组容量就是变压器的输出容量，因此对于双绕组变压器而言，绕组容量等于变压器容量。但是，对于自耦变压器来说，变压器的容量与绕组容量并不相等。

2. 自耦变压器的主要优缺点

（1）自耦变压器的主要优点

①消耗材料少、成本低。因为变压器所用硅钢片和铜线的量是和绕组的容量有关，自耦变压器与双绕组变压器相比，当二者的额定容量相同时，前者的绕组容量比后者小，因此，有效材料用量也比后者少，成本也低。

②损耗小效益高。由于铜线和硅钢片用量减小，在同样的电流密度及磁通密度时，自耦变压器的铜损和铁损都比双绕组变压器小，因此效益较高。

③自耦变压器便于运输和安装。因为它比同容量的双绕组变压器重量轻，尺寸小，占地面积小。

④提高了变压器的极限制造容量。变压器的极限制造容量一般受运输条件的限制，在相同的运输条件下，自耦变压器的容量可比双绕组变压器制造得大一些。

（2）自耦变压器的主要缺点

在电力系统中采用自耦变压器，也会有不利的影响，其缺点如下：

①使电力系统短路电流增加。

②造成调压上的某些困难。

③绕组的过电压保护较复杂。

④自耦变压器的继电保护复杂。

变压器是根据电磁感应原理利用磁场来实现能量交换的一种装置，其基本运行原理是建立在电磁感应和磁动势平衡两个基本电磁关系基础上的。由于变压器一、二次绕组的匝数不同，因而通过电磁感应作用一、二次侧便能得到不同的电压数值；负载变化引起二次侧磁动势的变化，通过磁动势平衡关系，对一次侧起作用，从而达到电压变换和传递功率的目的。

在分析变压器内部电磁过程时，应考虑主磁通和漏磁通的特点而分别处理。主磁通与一、二次绕组相交链，分别在一、二次绕组中产生感应电动势，起传递电磁功率的媒介作用，主磁通与电动势 E 的大小取决于电源电压。漏磁通仅与各自的绕组交链，不直接参与能量的传递，由它所产生的漏抗压降与电流成正比。

变压器电动势方程是分析和研究变压器的一个重要工具。电动势基本方程是变压器电磁关系的数学表达式，但用它来求解工程问题比较复杂。

电压变化率 QU% 和效率 η 是变压器的主要性能指标。ΔU% 的大小表征变压器二次电压的稳定性，η 表征变压器运行时的经济性。电压变化率的大小主要取决于变压器短路阻抗的大小，效率则取决于变压器空载和负载损耗的大小。

本章还讨论了三相变压器的绕组连接方法和如何连接成不同的组号及这些组号在运行中的特点，为了制造和并联运行的方便，还简要介绍了标准联结组。

本章最后分析了电压互感器、电流互感器和自耦变压器等的结构和性能特点。

第五章　常用低压电器

第一节　概述

凡是对电能的生产、输送、分配和使用起控制、调节、检测、转换及保护作用的器件均可称为电器。

一、低压电器的作用

根据我国电工专业范围的划分与分工，将工作在交流 1 200 V 或直流 1 500 V 及以下电路中起通断、控制，保护、检测或调节作用的电器称为低压电器。

低压电器的用途是对供电、用电系统进行开关、控制、保护和调节。

二、低压电器的分类

低压电器的用途广泛、种类繁多、构造各异、功能多样。电器的种类很多，分类的方法也不同，通常可按以下方式分类。

1. 按所控制的对象分类

根据其控制对象的不同，低压电器分为配电电器和控制电器两大类。

低压配电电器：这类电器主要用于低压配电系统中，要求工作可靠，在系统发生异常情况下动作准确，并有足够的热稳定性和动稳定性，例如刀开关、转换开关、熔断器、低压断路器等。

低压控制电器：这类电器主要用于电力传输系统和电气自动控制系统中，要求使用寿命长、体积小、重量轻、工作可靠，例如接触器、继电器、起动器、主令开关、控制器等。

2. 按动作方式分类

手动电器：这类电器的动作是由人工手动操纵的，例如刀开关、组合开关、按钮等。

自动电器：这类电器是按照操作指令或参量变化信号自动动作的，不需要人工直接操作，例如接触器、继电器、熔断器、行程开关等。

3. 按作用分类

执行电器：这类电器用来完成某种动作或传递功率，例如电磁铁、电磁离合器等。

控制电器：这类电器用来控制电路的通断，例如刀开关、继电器等。

主令电器：这类电器用来控制其他自动电器的动作，用以发出控制命令，例如按钮、行程开关等。

保护电器：这类电器用来保护电源、电路及用电设备，使它们不致在短路、过载等状态下遭到损坏，例如熔断器、热继电器等。

4. 按执行功能分类

有触头电器：这类电器有可分离的动、静触头，并利用触头的接通和分断来切换电路，例如接触器、继电器、刀开关、按钮等。

无触头电器：这类电器没有可分离的触头，主要利用电子元件的开关效应来实现电路的通、断控制，例如接近开关、电子式时间继电器等。

5. 按工作原理分类

电磁式电器：这类电器是根据电磁感应原理来工作的，例如交流接触器、各种电磁式继电器、电磁铁等。

非电量控制器：这类电器是依照外力或其他非电信号（如速度、压力、温度等）的变化而动作的，例如刀开关、行程开关、按钮、速度继电器、压力继电器和温度继电器等。

6. 按工作环境分类

一般用途低压电器：这类电器用于海拔不超过 2000m，周围环境温度在 -25 ~ 40℃之间，空气相对湿度为 90%，安装倾斜度不大于 50° ，无爆炸危险的介质以及无显著摇动和冲击振动的场合。

特殊用途低压电器：这类电器使用在特殊环境和工作条件下，通常是在一般用途低压电器的基础上派生而成的，如防爆电器、船舶电器、化工电器、热带电器、高原电器以及牵引电器等。

三、低压电器的主要技术数据

对于不同的电路，因为通断能力的频繁程度要求不同、所需的工作电压和电流等级不同、负载的性质也不相同等，所以必须对电器提出不同的技术要求，从而使电器具有不同的使用类别，保证电器能可靠地接通和断开电路。

1. 额定工作电压

额定工作电压是指在规定条件下，保证电器正常工作的工作电压值。

2. 额定工作电流

额定工作电流是根据电器的具体使用条件确定的电流值，它和电源频率、额定电压、使用类别、触头寿命及防护参数等相关因素有关。同一个开关电器的使用条件不同时，其工作电流值也会不同。

3. **通断能力**

通断能力以控制规定的非正常负载时所能接通和断开的电流值来衡量。接通能力是指开关闭合时不会造成触头熔焊的能力；断开能力是指开关断开时能够可靠灭弧的能力。

4. **寿命**

低压电器的寿命包括机械寿命和电气寿命。机械寿命是电器在无电流情况下能可靠操作的次数；电气寿命是指在规定的使用条件下不需要修理或更换零件进行可靠操作的次数。

第二节　接触器

接触器是用于远距离频繁地接通与断开交、直流主电路及大容量控制电路的一种自动切换电器。其主要控制对象是电动机，也可用于其他电力负载，如电热器、电焊机、电容器组等。接触器具有操作频率高、使用寿命长、控制容量大、工作可靠、性能稳定等优点。接触器是自动控制系统中应用最多的一种电器，是低压电器的代表，其结构具有一般电磁式低压电器的特点通性，所以本小节先介绍低压电器的基本结构。

一、电磁式低压电器的结构

从结构上看，低压电器一般都有两个基本部分，即感受部分和执行部分。感受部分感受外界信号并做出反应；执行部分根据指令，执行接通、断开电路的任务。对于有触头的电磁式低压电器，感受部分是电磁机构，而执行部分则是触头系统。

1. **电磁机构**

（1）组成

电磁机构一般由铁芯（静铁芯）、衔铁（动铁芯）及线圈等部分组成。按通过线圈的电流种类分有交流电磁机构和直流电磁机构两类；按电磁机构的形状分有 E 形和 U 形两种；按衔铁的运动形式分有拍合式和直动式两大类。

交流电磁机构和直流电磁机构的铁芯（衔铁）有所不同。直流电磁机构的铁芯为整体结构，以增加磁导率和增强散热；交流电磁机构的铁芯采用硅钢片叠压而成，目的是减少在铁芯中产生的涡流与磁滞损耗，减少铁芯发热。

此外，交流电磁机构的铁芯还有短路环（也叫分磁环），其作用是防止电流过零时（滞后 90°）由于电磁吸力不足而使衔铁振动。通常是在交流电磁机构的铁芯和衔铁端面上开一个槽，短路环就安置在槽内，起到磁通分相的作用，把端面上的交变磁通分成两个交变磁通，并且使这两个磁通之间产生相位差，那么它们所产生的吸力间也有一个相位差。这样，两部分吸力就不会同时达到零值，当然合成后的吸力就不会有零值的时刻，如果使合成后的吸力在任一时刻都大于弹簧拉力，就消除了振动。所以，如果短路环设计得合理，保证最小吸力大于反作用力，那么衔铁将会牢牢地被吸住，不会产生振动和噪声。

（2）原理

当线圈中有工作电流通过时，通电线圈产生磁场，于是电磁吸力克服弹簧的反作用力使得衔铁与铁芯闭合，由连接机构带动相应的触头动作。

（3）作用

将电磁机构中线圈中的电流转换成电磁力带动触头动作，完成通断电路的控制作用，将电磁能转换成机械能。

2. 触头系统

触头系统是电器的执行机构，触头必须接触良好、工作可靠，常用银或银合金制成。电器就是通过触头的动作来分、合被控制电路的。因此，触头系统的好坏直接影响整个电路的工作性能。影响触头工作情况的主要因素是触头的接触电阻，因为接触电阻大，易使触头发热导致温度升高，从而使触头易产生熔焊现象，这样既影响工作的可靠性又降低了触头的使用寿命。触头的接触电阻不仅与触头的接触形式有关，而且还与接触压力、触头材料及触头表面状况有关。

（1）按接触形式分

触头按接触形式分为点接触、线接触和面接触 3 种，如图 5-1 所示。图 6-1a 为点接触的桥式触头，图 5-1b 为面接触的桥式触头。点接触允许通过的电流较小，面接触和线接触允许通过的电流较大。

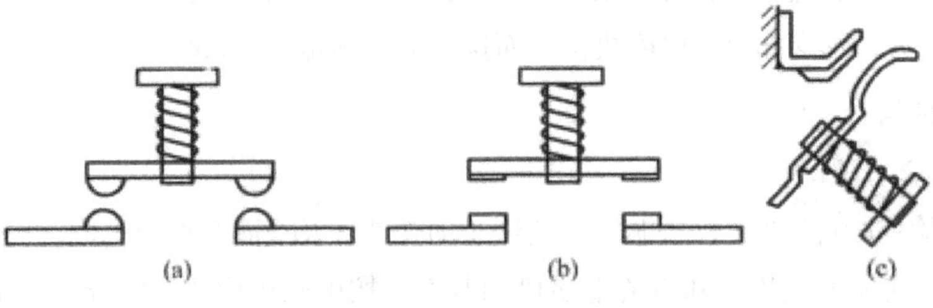

图 5–1　触头的三种接触形式

（2）按控制的电路分

触头按控制的电路分为主触头和辅助触头。

主触头用于接通或断开主电路，允许通过较大的电流。主触头接触面积较大，用于通、断主电路，一般由三对常开触点组成。

辅助触头用于接通或断开控制电路，只允许通过较小的电流（一般不超过 5A）。

（3）按原始状态分

触头按原始状态分为常开触头和常闭触头。当线圈不带电时，动、静触头是分开的，称为常开触头（动合触头）；当线圈不带电时，动、静触头是闭合的，称为常闭触头（动断触头）。

3. 灭弧系统

（1）电弧的产生

当触头切断电路时，如果电路中的电压超过 10 ~ 20 V 和电流超过 80 ~ 100 mA，在拉开的两个触头之间将出现强烈的火花，这实际上是一种气体放电现象，通常称为“电弧”。其主要特点是外部有白炽弧光，内部的温度很高且有很大的电流，具有导电性。

电弧形成的过程是：当触头间刚出现断口时，触头间的距离极小，电场强度极大，在高热和强电场的作用下，气隙中的电子高速运动产生游离碰撞，在游离因素的作用下，触头间的气隙中会产生大量的带电粒子使气体导电，形成炽热的电子流，即电弧。

电弧的产生一方面产生高温并有强光，可将触头烧损，降低电器寿命和电器工作的可靠性；另一方面会使触头分断时间延长，严重时会引起火灾或其他事故。因此，在电路中应采取适当的措施熄灭电弧。

（2）电弧的分类

电弧分为直流电弧和交流电弧。交流电弧有自然过零点，故其电弧较易熄灭。

（3）灭弧的方法

机械灭弧：通过机械将电弧迅速拉长，在拉长过程中电弧遇到冷空气迅速冷却而很快熄灭，常用于开关电路中。

磁吹灭弧：在一个与触头串联的磁吹线圈产生的磁力作用下，电弧被拉长且被吹入由固体介质构成的灭弧罩内，电弧被冷却熄灭。磁吹灭弧装置适用于交直流低压电器中。

窄缝灭弧：在电弧形成的磁场、电场力的作用下，将电弧拉长进入灭弧罩的窄缝中，使其分成数段并迅速熄灭。该方式主要用于交流接触器中。

栅片灭弧：当触头分开时，产生的电弧在电场力的作用下被推入一组金属栅片而被分成数段，彼此绝缘的金属片相当于电极，因而就有许多阴阳极压降，对交流电弧来说，在电弧过零时使电弧无法维持而熄灭。交流电器常用栅片灭弧。

二、接触器的工作原理

电磁式接触器是利用电磁吸力与弹簧反力配合，使触头闭合与断开的。接触器主要用于中远距离、频繁地接通与断开主电路及大容量控制电路，它还具有欠电压释放保护功能，是电力拖动自动控制系统中最重要的控制电器之一。接触器的分类较多，按照接触器主触头通过的电流种类，可分为直流接触器和交流接触器。

交流接触器的外形结构。交流接触器就是由电磁机构、触头系统、灭弧装置和其他部件等组成的。

交流接触器的工作原理是，当线圈通电后（俗称线圈得电），在铁芯中产生磁通，铁芯气隙处产生电磁吸力，衔铁克服弹簧反力被吸合，在衔铁的带动下，常闭触头断开，常开触头闭合；当线圈断电时（俗称线圈失电），电磁吸力消失，衔铁在弹簧反力的作用下复位，带动主、辅触头恢复原来状态。

直流接触器的结构和工作原理与交流接触器类似，在结构上也是由电磁机构、触头系统和灭弧装置等部分组成的，只不过在铁芯的结构、线圈形状、触头形状和数量、灭弧方式等方面有所不同。

目前常用的交流接触器有CJ20、CJ24、CJ26、CJ28、CJ29、CJT1、CJ40和CJX1、CJX2、CJX3、CJX4、CJX5、CJX8系列以及NC2、NC6、B、CDC、CK1、CK2、EB、HC1、HUC1、CKJ5、CKJ9等系列。常用的直流接触器有CZ0、CZ18、CZ21、CZ22等系列。

第三节　控制继电器

一、电磁式继电器

电磁式继电器是以电磁力为驱动力的继电器，是电气控制设备中用得最多的一种继电器。常用的电磁式继电器有电流继电器、电压继电器、中间继电器等。

1. 电磁式继电器的结构和工作原理

电磁式继电器的结构与接触器相似，即感受部分是电磁机构，执行部分是触头系统。电磁式继电器的工作原理与接触器也类似，都是用来自动接通和断开电路的，但是也有不同之处。首先，接触器一般用于主电路中，控制大电流电路，主触头额定电流不小于5A，需要加灭弧装置；而继电器一般用于控制电路中，来控制小电流电路，触头额定电流一般不大于5A，所以不加灭弧装置。其次，接触器一般只能对电压的变化做出反应，而各种继电器可以在相应的各种电量或非电量作用下产生动作。

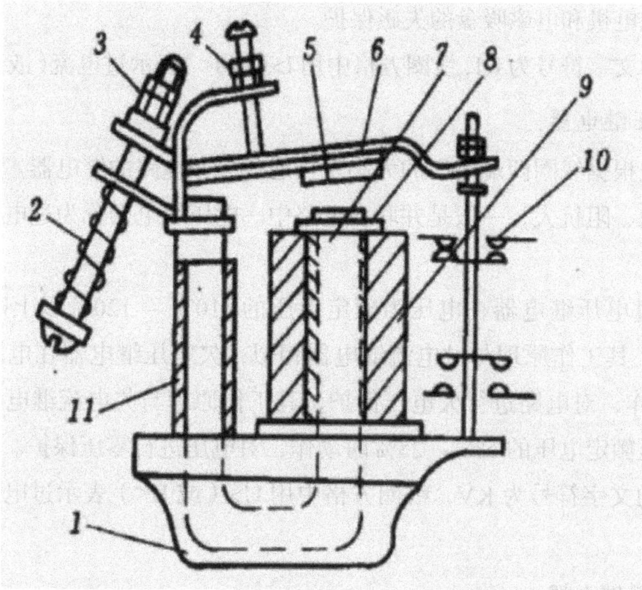

1- 底座；2- 反力弹簧；3、4- 调节螺钉；5- 非磁性垫片；6- 衔铁；7- 铁心；

8- 极靴；9- 电磁线圈；10- 触电系统；11- 阻尼套筒

图 5-2　电磁式继电器典型结构图

2. 电磁式电流继电器

电磁式电流继电器的线圈串联在被测量的电路中，以反映电路电流的变化。为了不影响电路的正常工作，电流继电器的线圈匝数较少、导线粗、线圈阻抗小。

除了一般用于控制的电流继电器外，还有保护用的过电流继电器和欠电流继电器。

（1）过电流继电器

当线圈电流高于整定值时动作的继电器称为过电流继电器。过电流继电器的常闭触头串联在接触器的线圈电路中，常开触头一般用于对过电流继电器进行自锁和接通指示灯的线路。

过电流继电器在电路正常工作时衔铁不吸合，当电流超过某一整定值时衔铁才吸合动作。于是它的常闭触头断开，从而切断接触器线圈电源，使设备脱离电源起到保护作用。同时，过电流继电器的常开触头闭合进行自锁或接通指示灯，指示发生过电流。过电流继电器整定值的整定范围为 1.1 ~ 3.5 倍额定电流。

（2）欠电流继电器

当线圈电流低于整定值时动作的继电器称为欠电流继电器。欠电流继电器一般将常开触头串联在接触器的线圈电路中。

欠电流继电器的吸合电流为线圈额定电流的 30% ~ 65%，释放电流为额定电流的 10% ~ 20%。因此，在电路正常工作时，衔铁是吸合的，只有当电流降低到某一整定值时，继电器释放，输出信号去控制接触器断电，从而控制设备脱离电源起到保护作用。这种继电器常作用于直流电机和电磁吸盘的失磁保护。

电流继电器的文字符号为KI，线圈方格中用I>（或I<）表示过电流（或欠电流）继电器。

3. **电磁式电压继电器**

电压继电器是根据线圈两端电压的大小来接通或断开电路的继电器。这种继电器的线圈匝数多、导线细、阻抗大，一般是并联在电路中。电压继电器分为过电压、欠电压和零压继电器。

一般来说，过电压继电器在电压为额定电压的110% ~ 120%以上时动作，对电路进行过电压保护，其工作原理与过电流继电器相似；欠电压继电器在电压为额定电压的40% ~ 70%时动作，对电路进行欠电压保护，其工作原理与欠电流继电器相似；零压继电器在电压减小至额定电压的5% ~ 25%时动作，对电压进行零压保护。

电压继电器的文字符号为KV，线圈方格中用U>（或U<）表示过电压（或欠电压）继电器。

4. **电磁式中间继电器**

中间继电器在结构上是一个电压继电器，但它的触头数量多、触头容量大（额定电流为5 ~ 10 A），是用来转换控制信号的中间元件。其工作原理与上述继电器相似，输入是线圈的通电或断电信号，输出信号为触头的动作。其主要用途是当其他继电器的触头数或触头容量不够时，可借助中间继电器来扩大它们的触头数或触头容量，起中间转换的作用。中间继电器的文字符号为KA。

继电器是组成各种控制系统的基础元件，选用时应综合考虑继电器的适用性、功能特点、使用环境、额定工作电压及电流等因素，做到合理选择。

二、时间继电器

时间继电器是一种利用电磁原理或机械动作原理来延迟触头的闭合或分断的自动控制电器。其种类很多，按动作原理可分为空气阻尼式、电磁阻尼式、电动式和电子式等；按延时方式可分为通电延时型和断电延时型两种。

下面以空气阻尼式继电器为例，介绍时间继电器的结构、工作原理及符号等。

空气阻尼式时间继电器又称为气囊式时间继电器。它是利用空气阻尼原理来获得延时的，主要由电磁机构、延时机构、触头系统等构成。电磁机构有交流、直流两种，当衔铁位于铁芯和延时机构之间时为通电延时型；而铁芯位于衔铁和延时机构之间时则为断电延时型。

当线圈得电后，衔铁吸合，在衔铁的带动下弹簧片使瞬时触头立即动作，同时推杆在塔形弹簧的作用下推动档板，由于气室中橡皮膜下的空气变得稀薄，形成负压，因此推杆只能慢慢移动（其移动速度由调节螺杆控制的进气孔的进气大小来决定），经过一段延时后，杠杆压动延时触头，使其动作，起到了通电延时的作用。

当线圈断电，衔铁释放，气室中橡皮膜下的空气迅速排出，使推杆、杠杆、瞬时触头、延时触头等迅速复位。从线圈得电到延时触头动作的这段时间即为时间继电器的延时时间，其大小可以通过调节螺杆调节进气孔的气隙大小来改变。

将电磁机构翻转 180° 安装，可得到断电延时型时间继电器。其工作原理与通电延时型刚好相反，读者可以自行推导。

空气阻尼式时间继电器结构简单、调整简便、延时范围大，具有不受电源电压及频率波动的影响、寿命长、价格低等优点，而且还有瞬时触头可使用。但是其延时精度低、延时误差大，一般用于对延时精度要求不太高的场合。目前国内新式的产品有 JS23 系列，用于取代老式的 JS7-AB 及 JS16 系列。

电子式时间继电器按延时原理分为晶体管式时间继电器和数字式时间继电器，多用于电力传动、自动顺序控制及各种过程控制系统中。晶体管式时间继电器是以 RC 电路电容充电时，电容器上的电压逐步上升的原理为延时基础制成的。数字式时间继电器较之晶体管式时间继电器来说，延时范围可成倍增加，调节精度可提高两个数量级以上，控制功率和体积更小，适用于各种需要精度延时的场合以及各种自动化控制电路中。电子式时间继电器具有延时范围宽、精度高、体积小、工作可靠等优点，并随着电子技术的飞速发展，应用必将日益广泛。

三、热继电器

热继电器是利用电流的热效应原理进行工作的保护电器，常用来作为电动机的过载保护、断相保护和电流不平衡保护。其结构包括：推杆、主双金属片、热元件、导板、补偿双金属片、常闭静触头、常开静触头、复位调节螺钉、动触头、复位按钮、调节旋钮、支撑杆、弹簧等。

如果电动机过载时间过长，绕组温升就会超过允许值，那么将会加剧绕组的绝缘老化，缩短电动机的使用年限，严重时甚至会使电动机绕组烧毁。因此，对于长期运行的电动机，都必须提供过载保护装置。

热继电器主要由热元件、双金属片、触头等几部分组成。热元件是一段电阻不太大的电阻片（或电阻丝），串接在电动机的主电路中；热继电器的常闭触头串接在控制电路中。

当电动机正常工作时，热继电器不动作；如果电动机过载，流过热元件的电流超过允许值一定时间后，热元件的温度升高，双金属片（由两层热膨胀系数不同的金属片经热轧黏合而成）就会因受热弯曲位移增大而推动导板使触头动作，常闭触头的断开使控制电路失电，从而断开电动机的主电路，实现对电动机的过载保护。

常用的热继电器有国产的 JR16、JR20 系列，德国西屋 - 芬纳尔的 JR-23（KD7）系列，德国西门子的 JRS3（3UA）系列，ABB 公司的 T 系列等几种。

由于热继电器中双金属片的热惯性大，不可能瞬间动作，因此热继电器只能作过载保护而不能用作短路保护。当然也正是因为这个热惯性，电动机在起动或短时过载时热继电器不会动作，避免了电动机的误动作。

四、速度继电器

速度继电器常用于电动机按速度原则控制的反接制动线路中，亦称为反接制动继电器。它主要由转子、定子和触头三部分组成。转子是一个圆柱形永久磁铁，定子是一个笼型空心圆柱，由硅钢片叠成，并装有笼型绕组。

速度继电器的转子轴与电动机轴相连接，定子空套在转子上。当电动机转动时，速度继电器的转子（永久磁铁）随之转动，从而在空间产生旋转磁场，切割定子绕组，在其中产生感应电流。此电流又在旋转磁场的作用下产生转矩，使定子随转子转动的方向旋转一定的角度，与定子装在一起的摆锤推动触头动作，使常闭触头断开，常开触头闭合。当电动机转速低于某一值时，定子产生的转矩减小，动触头复位。

常用的速度继电器有 JY1 型和 JFZ0 型。JY1 型能在 3 000 r/min 以下可靠工作；JFZ0-1 型适用于 300 ～ 1 000 r/min，JFZ0-2 型适用于 1 000 ～ 3 600 r/min；JFZ0 型有两对常开、常闭触头。一般情况下速度继电器转轴在 120r/min 左右即能动作，在 100 r/min 以下触头复位。

五、汽车继电器应用分析

1. 汽车继电器热分析的目的和意义

汽车继电器广泛用于汽车的启动、预热、空调、雨刮、灯光、电喷、安全气囊、防抱死制动、悬架控制以及汽车电子仪表和故障诊断等系统中，是汽车产品中应用最多的电子元器件之一。汽车继电器大致可以分为控制汽车车灯闪烁的汽车继电器、控制汽车雨刷的雨刷继电器及延时继电器等三大类，通常用于自动控制电路中，在电路中起到自动调节、转换电路的作用。

汽车继电器除具备一般继电器的特点外，还具备自身鲜明的特点：触点负荷电流大、工作温度范围宽。当汽车继电器工作时，大电流通过主回路并产生大量的能量损耗，所有的损耗几乎全部变成热能，一部分散失到周围空气中，一部分加热汽车继电器，导致整个汽车继电器的温度升高。汽车继电器是怕热元件，高温可加速其绝缘零件老化、触点氧化、电参数变化，进而导致其使用可靠性下降。因此，对于汽车继电器这类大功率继电器来说，发热特性是产品设计中的一个关键因素。

汽车的轻量化在汽车行业内非常重要，因此也要求汽车继电器达到小型化、轻型化。对于汽车继电器这类大功率继电器来说，其小型化设计的最大难点就是温升。小型化设计使得汽车继电器的整体体积缩小，有效散热面积相应减小，进而导致汽车继电器工作过程中产生的单位体积发热量增加，这将引起内部各元件温度升高，尤其是在触点分断过程中释放的热量将造成触点的软化、粘连甚至损伤，致使触点不能正常地接通、分断电路，造成严重事故。因此，对汽车继电器进行热分析具有重要的理论意义和实用价值。

2. 电器热分析国内外发展概述

国外很早就使用有限元法对电器进行热分析。由于断路器在工作时触点承受较大的电流，因而很多学者对断路器进行了热分析。文献建立了某型号断路器的实体模型，采用ANSYS有限元软件对该断路器的内部热场进行了仿真计算，分析了电弧对整机发热的影响，并对仿真结果的准确性进行了试验验证。文献在前人的基础上，进一步改善了仿真模型，综合考虑了断路器工作时的复杂边界条件，并使用ANSYS软件计算了断路器稳态温度场。此外一些学者还对继电器进行了热分析。文献通过试验及仿真分析了电磁继电器在低温条件下的发热情况，为继电器的热设计提供了理论依据。文献通过对某型号过载保护继电器进行热分析，得到了其整机温度分布。

由于触头在电器中的重要地位，对之进行的研究也较多，因而文献主要阐述了使用有限元法分析触点的发热情况，研究触点熔焊问题。

虽然国内采用有限元法进行热分析起步较晚，应用于电器方面的研究则更晚一些，但近年来国内许多学者已经在电器热分析领域取得丰硕的成果。断路器、接触器及继电器是常用的电气设备，在断路器方面，文献中利用ANSYS软件建立了断路器双金属片的有限元模型，对其热弹性变性进行了电磁-热结构耦合场仿真分析，得到了在不同电流等级下断路器脱扣器驱动部件温度、位移的变化规律，为断路器脱扣器驱动部件的设计提供了较为准确的参数。在接触器方面，文献中分析了交流接触器的发热和散热过程，并考虑了主回路和电磁系统发热，基于热-电耦合利用三维有限元法对某一型号交流接触器的稳态温度场进行了仿真计算。本文的研究对象是继电器，下面主要介绍国内在继电器热分析方面取得的成果。文献中以固态继电器为研究对象，建立了符合实际工作条件的固态继电器的数学模型和有限元模型，结合VC++和APDL语言，考虑了传导、对流、辐射等多种传热方式对温度场的影响，应用ANSYS软件计算了固态继电器的稳态温度场。文献中都涉及了热传导、对流、辐射对散热分析的影响，并考虑了热导率和对流散热系数随温度的变化情况，利用ANSYS软件对继电器进行了热-电耦合分析，计算得到了继电器在不同工作情况下的稳态温度场，并通过试验对仿真结果进行验证。文献以继电器的接触系统为研究对象，利用ANSYS软件建立了触点分断过程的有限元模型，并进行了机-电-热间接耦合仿真，得到其温度分布及电流密度分布情况。文献应用热路法建立了电磁继电器内部复杂的热传递路径，并确定了建立模型、计算热载荷、施加边界条件的方法，证明了应用有限元法进行热分析的可行性；文献中应用ANSYS软件计算了继电器在反复短时工作制下的瞬态温度场，分析了电流等级、占空比、簧片材料对继电器温度场的影响，根据计算结果得到了电流等级与内部热源的关系，并提出了减小继电器温升的优化方案。以上文献大多数分析了继电器的稳态温升，进行瞬态分析的甚少，对于继电器的研究多选用的是小功率的继电器。

3. 汽车继电器概述

（1）汽车继电器的国内外发展状况

国内汽车继电器的研制是从1986年开始的。自2002年以来，由于汽车工业的快速发展及元件行业的复苏，使得汽车继电器的需求大幅上升，据不完全统计，我国国内汽车继电器生产厂家已达到110多家。欧姆龙、松下、海拉等一些国外知名厂家以各种方式进军到汽车工业的各个领域，使整个汽车继电器市场充满了激烈的竞争。随着人们生活水平的提高，对汽车的需求量日渐增加，汽车行业已成为国民经济的支柱产业，汽车继电器的发展必然要跟随汽车技术的发展步伐。小型化、大负载、低功耗、高灵敏度、高可靠性、长寿命、抗冲击和振动、功能化、低成本、轻量化、具有电磁兼容性等是今后汽车继电器发展的总体趋势。

由于电子控制技术及智能化高新技术在汽车产品中的广泛应用，致使汽车电器消耗的电能大大增加，汽车现有的动力电源已不能满足电力供应的需求。由于42V是国际汽车工业联合会公认的方便、可靠的最高电压，其可以提供3倍于14V电气系统的用电量，因此采用42V电气系统的呼声越来越大，成为汽车电子产品发展的必然趋势。然而汽车使用42V电气系统将增大汽车继电器的工作负荷，在汽车电子产品小型化、轻型化的要求下，无法加大触点的尺寸，这无疑会增大触点的温升。为了保证汽车继电器工作的可靠性，其对触点的材料有更苛刻的要求，通过对汽车继电器进行热分析，为其设计提供理论参考依据。

（2）汽车继电器简介

本文的研究对象选取的是一款小型汽车继电器，其型号为JD2914，用于控制汽车灯光、雨刮器、喇叭、起动机，在电路中起着自动调节、转换电路等作用。

汽车继电器有别于其他电器设备，对于触点的负载电流一般只标明最大切换电流，这是因为触点的负载电流会随汽车继电器控制的负载类型及在控制电路中所处位置的不同而改变。下面是JD2914汽车继电器的基本参数，如表5-1所示。

表 5–1　JD2914 汽车继电器的基本参数

型号	JD2914
触点形式	1A1B1C
触点材料	银合金（Ag Mg Ni）
触电最大切换电流	70A
接触电阻	50mΩ
线圈电压	24VDC
线圈功率	18W
工作环境温度	−40℃～ 125℃
机械寿命	1×10^{7}
电气寿命	1×10^{5}
尺寸大小	28×28×25.5（mm）

4. 电器热计算方法概述

（1）电器热计算方法

电器在工作时所产生的焦耳热、磁滞涡流损耗及介质损耗几乎全部转变成了热能，使电器温度升高。电器元件温度过高是电器失效的主要原因之一。为了保证电器工作的可靠性，满足电器的小型化和大容量发展的需求，对电器进行热计算具有重要的意义。

传统的电器热计算采用牛顿热计算公式，计算误差比较大，而且不能计算场域的温度分布。随后基于热路与电路相似的思想提出了热网络法，分析研究对象的热传递路径，根据其物理模型建立等效的热路网络。热网络法的概念清晰、原理简单、工作量小，但计算精度不高，有时不能满足实际工程问题的要求，并且不能解决瞬态问题。

有限元方法（Finite Element Method，简称 FEM）距今为止在工业界的应用已超过一百年的历史。有限元法以变分原理和剖分插值为理论基础，是一种高效的数值计算方法。它首先将一个连续的求解区域离散成数目有限的单元组合，选择合适的函数，通过变分原理把所要求解的边值问题转化为泛函的极值问题，然后利用剖分插值的办法建立待求未知量与单元节点自由度之间的关系，引入边界条件，将二次泛函的极值问题离散化为一组普通的多元代数方程组的极值问题，最终归结为求解一组多元代数方程组的数值解。有限元法使一些结构复杂、边界条件复杂的定解问题得到简化及求解，因而被广泛应用于各个工程领域中。

目前常见的有限元分析软件有 ANSYS、NASTRAN、MARK、ABAQUS、FLUX、FLUENT 等。ANSYS 软件可以实现绝大部分的有限元计算工作，还可应用于二维、三维系统有限元热分析，并且可以通过使用特殊的单元设置实现热 - 电耦合仿真分析，甚至机 -

电 - 热耦合仿真分析。结合本文研究对象的相关特性，选择 ANSYS 软件来完成计算。

（2）ANSYS 软件简介及其在热分析中的应用

随着计算机技术的迅猛发展及在数值解法中的应用，使得有限元理论日趋完善，一大批通用和专业的有限元计算商业软件涌现而出并得到了广泛的推广。ANSYS 就是其中一款大型有效的通用有限元计算软件。它不仅能够进行静态或动态结构力学问题的有限元分析，还能进行热传导、流体流动和电磁学等方面的有限元分析，因而被广泛地应用于许多工程领域中，如航空、汽车、电子及核科学等。经过多年的改进提高，ANSYS 软件的功能日渐增强，目前已发展到 14.0 版本。当前的 ANSYS 版本带有用户图形界面窗口、下拉菜单、对话框和工具栏等，很好地实现了人机交互。

ANSYS 的另一个优点就是可以使用参数化的命令流，即 ANSYS 参数化设计语言（ANSYS Parametric Design Language，缩写为 APDL），直接使用 APDL 命令流就可以实现建模、加载、求解及优化等功能，真正意义上实现了有限元参数化分析 43。ANSYS 典型分析过程中，包含 3 个主要模块：前处理、加载求解和后处理，下面对各个模块做详细的介绍。

前处理模块是有限元分析的第一步，为之后的加载计算做准备工作，主要实现三大功能：建立实体模型、定义参数、划分网格创建有限元模型。实体建模的方法有两种，一种是自底向上，适用于简单的小型模型，直接设置单元和节点建立模型；另一种是自顶而下，适用于复杂模型，可将复杂的模型拆分成诸如长方体、圆柱体、球等基本模型后再建立模型。参数定义主要是指根据所分析问题的需要为实体模型定义材料属性，分配单元类型。对已完成参数定义的实体模型进行网格划分，将实体模型转化为有限元模型，可以直接用于有限元计算。

加载求解模块的主要任务是对已经生成的有限元模型施加载荷、定义分析类型及分析选项，而后进行有限元求解。载荷定义就是对模型施加激励和边界条件，载荷可以施加在实体模型上或者直接施加在有限元模型上，根据具体问题施加不同的载荷及边界条件，研究系统的变化情况。定义分析类型和分析选项主要是选择想进行的分析类型及相应的分析求解方法。一切就绪之后，ANSYS 在系统默认情况下自动读取有限元模型上的载荷信息并自动选取最合适的求解器进行求解。

后处理模块是 ANSYS 整个分析过程的最后环节。可以通过通用后处理器 POST1 和时间历程后处理器 POST26 输出计算结果，通过分析计算结果检查求解分析过程的合理性。通用后处理器可以查看整个模型在某一载荷步或某一特定时间点的计算结果。计算结果可以以简单图像、数据列表甚至动画的形式显示和控制。时间 - 历程后处理器多用于瞬态分析的结果分析，可以通过图形显示、列表、微积分操作等多种方式查看有限元模型中指定节点的某一结果随时间、频率的变化情况。

利用 ANSYS 软件进行的热分析是基于能量守恒原理的热平衡方程，用有限元法计算一个系统或部件的温度分布并导出其他热物理参数，如热梯度、热通量等。在 ANSYS 中，

Multiphysics、Mechanical、Thermal、FLOTRAN 和 ED 这五种产品中包含热分析功能。ANSYS 热分析可以在考虑传导、对流和辐射三种热传递方式的前提下对具体问题进行稳态或瞬态热分析，此外还可以处理相变、接触热阻等问题。

在 ANSYS 中，载荷包括边界条件和激励。对于 ANSYS 热分析来说，热载荷主要包括 DOF 约束（温度）、集中载荷（热流）、面载荷（对流，热流）以及体载荷（热生成率）四大类，根据具体问题的不同及分析类型的差别选择施加不同的热载荷。

很多时候，ANSYS 热分析并不仅仅只有温度自由度，还涉及电场、磁场和结构场等。在 ANSYS 中，与热相关的耦合场分析主要包括以下几类：热 - 结构耦合；热 - 流体耦合；热 - 电耦合；热 - 磁耦合；热电 - 磁 - 结构耦合。

5. 本课题的主要研究内容

本文的研究对象是一款商用小型汽车继电器，其工作环境比较恶劣，环境温度变化范围大，负荷电流也相对较大。为了提高汽车继电器的工作可靠性，有必要研究其在不同环境温度、电流等级下，工作在不同工作制时的发热过程，通过温升计算校验电器的可靠程度，这正是本课题研究的意义所在。

本课题是在熟悉汽车继电器的结构及工作原理的基础上，利用 ANSYS 有限元分析软件对汽车继电器进行热分析研究。本课题的主要研究内容包括以下几点：

（1）以传热学理论为基础推导得到汽车继电器工作时的热场数学模型，并通过变分原理推导得到有限元法的数学模型；

（2）使用 ANSYS 有限元分析软件建立汽车继电器的实体模型，分析其内部元件的发热情况，研究热场的边界条件及生热载荷的施加方法；

（3）在几何建模的基础上对汽车继电器进行热 - 电耦合仿真，研究整机在多种工作制下的温度分布情况，分别分析电流等级、环境温度等条件对系统温度的影响。选取继电器上的一些关键点，多角度分析各因素对汽车继电器温度场的影响。

（4）根据仿真结果，总结汽车继电器温度场的变化规律，为其设计及使用提供依据。

（5）设计测温方案，验证汽车继电器温度场仿真计算的准确性。

汽车继电器作为汽车产品中应用最多的汽车电子元器件之一，在汽车低压电气系统中担负着控制、调节、保护等重要作用，其工作可靠性直接影响着汽车整体运行的可靠性及安全性，温度是影响汽车继电器可靠性的重要因素之一。运用 ANSYS 有限元软件对 JD2914 小型汽车继电器进行了热分析，所得结论对汽车继电器产品小型化、轻型化等方面的设计具有重大的实际意义。

首先，根据传热学原理，研究了汽车继电器内部主要的传热方式，建立了汽车继电器内部热场的数学模型，分析其内部的主要热源，考虑了对流、辐射对内部热场的影响，确定了热场边界条件和生热载荷的施加方法；然后，利用 ANSYS 有限元软件建立汽车继电器的实体模型，计算了继电器在长期工作制下的稳态温度场和在反复短时工作制下的瞬态温度场，并分析了环境温度、电流等级对温度场的影响；最后，通过试验测量验证了利用有限元法计算汽车继电器温度场的准确性。

6. 结论

通过分析研究，本文主要得到如下结论：

一是在同一电流等级下（10A），汽车继电器内部工作在不同环境温度下，温度分布规律一致，与环境温度无关。继电器各部分温度随着环境温度的升高而升高，但继电器的温升却随着环境温度的升高而略有下降。

二是当环境温度为定值（20C）时，无论汽车继电器工作在何种工作制下、小电流时，汽车继电器内部的主要热源是线圈的发热功率。故线圈温度大于触点温度，继电器内部温度分布均匀；大电流时，汽车继电器内部的主要热源是触点发热功率，故触点温度大于线圈温度，继电器内部温度分布不均匀，高、低温分布明显。

六、电磁继电器产品及研究技术发展综述

电磁继电器通过触头的接通或断开控制电路，具有转换深度高、物理隔离性能好等优点。广泛应用于自动控制系统、电力保护系统以及通信系统中，起控制、检测、保护和调节的作用，是国防尖端技术、先进的工业和民用设备不可缺少的基本元件之一。我国电磁继电器行业经过多年努力，虽然自主创新能力不断提高，部分产品的关键技术指标已达到国际先进水平，但在可靠性和质量一致性方面仍与国外存在差距。在德国制造 4．0 和中国制造 2025 的大环境下，如何进一步提高我国电磁继电器产品的自主创新能力，满足工业和国防领域对电磁继电器提出的新要求，增强国内产品的国际竞争力，成为继电器专业相关人员所面临的重要问题。

1. 电磁继电器产品现状

在 20 世纪，电磁继电器在低电压、小功率回路中的应用占主导地位。随着半导体技术不断发展，固态继电器的性能不断提升。对于回路电流在 3 A 以下的低功率、小电流应用场合，电磁继电器正逐步被固态继电器取代；对于回路电流在 50 A 以上的大功率、大电流应用场合，电磁继电器依旧占有不可替代的地位。因此，电磁继电器的市场正不断向高电压、大功率方向转移。

近年来，国外继电器产品更新较快的公司主要有 35 家，其中美国 19 家、欧洲 11 家、日本 5 家。美国多数公司的新品发布都是围绕固态继电器，只有 4 家公司在坚守电磁继电器市场，其产品都明确为航天、军工服务，说明电磁继电器在航天和军工领域有固态继电器不可替代的作用。在电磁继电器的市场中，只有高压直流继电器和高频继电器两类产品在功能和性能上不断升级，其他电磁继电器产品的升级都是在性能不变基础上，以减小体积和重量为主要目标，进行结构优化，改变封装。欧洲生产电磁继电器的公司有 3 家，分别是法国 STPI 集团、Leach 公司、意大利 Finder 公司，其中法国 STPI 集团专门为航天

领域提供高可靠性电磁继电器。日本的 5 家继电器生产厂家中，欧姆龙公司在 2013 年首次推出两款高压直流继电器。松下公司 2015 年推出的产品目录中，以功率继电器为主，包括极化功率继电器（最大电压 AC/DC 250 V，60 A）、超薄功率继电器（最大电压 AC 400 V/DC 300 V，6 A）、大容量直流功率继电器（额定负载 DC 400 V/300 A，最大切换电压 DC 1 000 V，在 DC 300 V 条件下最大切断电流 2 500 A）。与欧美相比，日本电磁继电器的发展更加注重智能化。在传统电磁继电器分合功能基础上，增加了在线监测、状态指示、自动保护等与工业应用相结合的特殊功能。

虽然我国电磁继电器专业起步较晚，但发展迅速，部分产品在功能和性能上已达到国际先进水平。然而，高电压、大功率、长寿命的高新技术产品较少，且产品可靠性和一致性普遍落后于国外产品。此外，国外射频继电器传输信号频率最高可达到 60 GHz，而且产品型号多样、结构多变，具有优秀的开关性能，能够承载较大功率。中国电子科技集团第 40 所、航天九院 773 所作为我国射频同轴开关的先驱者，已经取得了长足发展。如 2015 年 3 月，中国电科 40 所通过自主研发，成功突破了单刀双掷射频同轴开关传输关键技术，产品指标达到频率范围，功率传输容量大于 150 W。综上，高电压、高频率、大功率、小型化是未来电磁继电器的发展趋势。特别是对于应用在航天和军事领域的继电器，除了要满足大功率和小型化的要求外，对于可靠性和寿命也有严格要求。其中，高压直流大功率继电器作为新一代电磁继电器的代表是目前需求最大、最热门的一类产品。

高压直流大功率继电器在高电压、大电流条件下仍具有常规继电器所无法比拟的可靠性及使用寿命，已被广泛应用于多个领域，包括医疗仪器、航空和军用设备、商业应用等。目前，坦克、潜艇等使用 270 V 或 750 V 高电压等级，而新一代舰艇配电系统正在向直流 1 000 V 和 2 000 V 发展。国际空间站、美国 F-22 战斗机已采用 270 V 电源；F-35 联合攻击战机在逐步采用 270 V 直流电源。270 V 直流电源系统的潜在应用还包括导弹、海军舰艇乃至陆军混合动力多用途轮式车辆。高压直流大功率继电器作为电路切换的基本元器件在上述武器装备和系统中都具有不可替代的作用。

目前美国 Gigavac、TE Connectivity 和法国 Leach 等电器专业制造公司已经推出用于航天及军事领域的系列化高压直流大功率继电器产品，其最高额定工作电压已达到 DC 1 000 V。我国在高压直流大功率继电器的设计技术储备方面尚存在空白，尽管国内多家开关电器制造厂家通过仿制的方法实现了部分产品的国产化，但是由于长期没有将基础理论、设计技术研究置于产品开发同等地位，因此与国外产品相比，国内产品无论在性能还是可靠性指标上均有一定差距。哈工大军用电器研究所在“十二五”期间开展了大量高压直流继电器产品设计与优化技术研究，并通过与航天 165 厂、昆山国力电器等厂家合作，在提高产品分断能力和抗熔焊能力方面取得一定成果。目前与两个厂家合作开发的 DC 270 V/200 A 和 DC 400 V/300 A 两种继电器主要性能指标已经达到国际领先水平。

2. **电磁继电器研究技术与发展趋势**

电磁继电器结构复杂，涉及力学、热学、电磁学、材料学、等离子体物理学等多学科交叉，国外许多高校和研究机构都围绕电磁继电器开展深入研究。德国伊尔梅瑙工业大学的 Frank Berger 教授团队围绕直流、交流低压开关电器的开关性能、电弧仿真、不同气氛和负载下的直流开关过程等展开一系列研究。德国布伦瑞克工业大学的 Michael Kurrat 教授团队主要研究应用于电动汽车中的高压直流继电器。瑞典皇家理工学院的教授团队利用多物理场建模技术进行了电磁继电器特性仿真。瑞士苏黎世理工大学 Christian M. Franck 教授团队主要开展高压直流电弧的仿真与实验研究。法国巴黎第六大学的教授团队主要研究电磁系统的控制与建模技术以及电弧与电接触理论。美国密歇根大学的教授团队围绕电接触理论及电接触材料、电弧等离子体理论和技术等开展了大量研究。

目前，国际上电磁继电器相关研究技术主要围绕基于虚拟样机技术的电磁和机械系统优化与设计以及电弧理论与仿真技术展开。电磁和机械系统优化与设计相关技术已经趋于成熟，而电弧的物理过程复杂，相关理论和技术发展较为缓慢，仍需要长期深入的研究。此外，虽然我国电磁继电器单只产品的性能或可靠性指标达到甚至高于国外产品，但批量产品性能或可靠性指标的一致性却很差，同一批次继电器产品电寿命有的仅 1 万次，有的达到数十万次。因而，产品质量一致性稳健设计是电磁继电器产品设计的必要环节，也代表着我国电磁继电器技术的发展水平。

（1）虚拟样机技术

影响电磁继电器可靠性和电寿命的一个重要因素是其静、动态特性的优劣，而整机动态特性由电磁和机械系统的结构和参数决定。因此，为了满足电磁继电器大功率、小型化、高可靠和长寿命的发展需求，必须有先进的电磁和机械系统的设计与优化技术作为保障。

目前，国内对于电磁继电器系统特性仿真的研究工作已经开展很多，研究者普遍采用基于虚拟样机技术进行整机设计与优化。虚拟样机技术是以机械系统动力学和运动学仿真技术为核心，兼顾可视化技术、有限元方法、优化设计技术等的综合性技术，克服了传统方法中产品设计、制造及试验周期长、成本高的缺点。虚拟样机技术包括虚拟设计、虚拟制造、虚拟测试等环节。

相对于传统的“设计→制造→试验→改进”的串行模型，虚拟样机技术采用并行工程理念，融合先进设计、制造技术、仿真技术、多学科分析与优化技术，建立设计、仿真、试验、制造的协同开发环境。多数元器件产品涉及机、电、磁、热等多学科交叉理论，设计、制造过程复杂，输入参数和输出特性间呈现明显的非线性特征。基于虚拟样机技术，可以建立其多物理场的联合仿真模型，并进行虚拟试验与优化设计，从而缩短产品的研发周期。

虚拟样机技术的基础是多物理场联合仿真系统的构建。随着计算机硬件的更新换代，计算速度和性能得以大幅提升，电器领域的数值计算正在从过去的单个物理场计算，逐步过渡到多物理场的耦合计算。因此，多物理场的联合仿真正逐步被耦合仿真取代，耦合仿真主要分为直接耦合和间接耦合。直接耦合计算通过每个有限元单元同时包含各个场的自由度来实现。由于场的类型多样，直接耦合依赖于其耦合多个场自由度的单元，且往往是非线性的，因此每个节点上的自由度越多，矩阵方程越庞大，计算耗时越长。直接耦合计算的典型代表是有限元软件。相对于直接耦合计算，间接耦合具有更大的通用性和灵活性，代表性的软件是 COMSOL Multiphysics，其多场耦合是通过耦合变量来求解各个场的反演方程和积分方程。耦合变量会在设定的模型中与各个独立场变量同时求解，而且在求解一个场时，耦合变量会调用下一个场去反算，通过引入耦合变量来体现双向耦合。

多物理场计算技术的发展，也为电磁继电器尤其是军用继电器的虚拟可靠性试验与评价技术提供了理论基础和技术手段。目前，军用继电器厂家往往根据军标，对出厂的电器产品进行单应力（或最多三应力）测试试验，如振动（包括正弦振动、随机振动、冲击等）、温度和湿度试验等。但大多数电器产品的使用环境综合了力学、热学、电磁学等因素影响，这些试验条件与产品的实际使用环境存在差异。因此，以多物理场耦合计算技术为基础进行产品虚拟可靠性试验，评价产品在复杂环境下的工作性能，对于产品的工作可靠性评估及设计和优化具有重要意义和价值。

影响整机性能的因素既有电参数又有机械参数。以这些参数为变量的优化过程常需要成百上千次反复计算，计算时间成为系统优化的瓶颈，甚至对于电磁和机械系统无法进行优化。在保证计算精度的前提下，研究提高计算速度的静、动态特性快速计算方法，对继电器设计与优化有很强的理论和实际意义，是现阶段解决电磁和机械系统仿真计算效率问题的主要手段。

目前，快速计算主要通过磁路法与有限元法相结合来实现。哈工大军用电器研究所对基于半解析建模的快速计算方法得到动态特性快速计算结果与 Flux 软件求解结果作了对比。衔铁位移的动态结果与 Flux 求解结果吻合，精度很高；线圈电流由于步长等原因导致初期迭代误差积累，最大误差达 7%。在 Flux 有限元软件中求解一次 50 个时间增量步的动态特性需要耗时近 24 h，而利用基于半解析建模的动态特性快速计算模型仅需 10 ~ 15 s。

现有快速计算方法的计算精度与完整的有限元模型仍然存在差距。提升有限元算法的计算速度是从根本上解决系统优化效率问题的关键。传统有限元计算方法基于串行计算模式，随着计算机硬件性能的提升，串行计算方法已经无法充分利用计算机的计算性能。因此，有限元模型并行化算法的开发与应用将是未来电磁继电器设计与优化技术发展的必然趋势。虚拟样机技术在射频继电器设计与优化中的应用正处于探索阶段，主要解决信号传输频率与射频性能、功率传输容量相互制约的矛盾。

该射频产品传输射频信号的通路主要由 SMA 同轴接口、切换簧片、腔体和绝缘支撑件组成。高频信号传输的路径具有形状不规则、阻抗不连续和多介质等特点。高频、大功率信号在射频继电器中传递时产生的导体损耗与介质损耗以热量的形式耗散在产品中，使产品局部温度升高，影响射频性能。整个同轴传输部分从内向外温度依次降低，闭合通路的内导体温度是整机温度最高的区域。利用虚拟样机技术，可以研究射频继电器电 - 磁 - 热多物理场耦合作用下的热特性和射频性能，从而确定影响产品性能的关键参数，提出射频继电器优化方案。

随着通信技术的发展，对射频同轴开关所能传输的信号频率和功率提出了更高的要求。由于损耗所导致的射频同轴开关发热现象不断加剧，导致射频同轴开关长期频繁通断大功率射频信号时，其内导体承受较高的温度和应力，将会导致蠕变变形的产生。由仿真结果可知，整个同轴传输部分都发生不同程度的热形变，且闭合通路一侧由于更高的温升而发生更大的形变。射频继电器长时间高温工作，接触系统会发生永久性移动或变形，发生蠕变和热疲劳损伤，使射频性能发生退化，大大限制了射频同轴开关在长寿命、高可靠领域的应用和发展。如何分析蠕变和热疲劳损伤的产生机理和危害性，开展射频继电器的可靠性评估和长寿命设计是未来亟待攻克的一个关键难题。

（2）电弧理论模型与仿真技术

电磁继电器可靠性和电寿命主要取决于接触系统性能。接触系统失效形式主要有接触电阻升高、触头烧穿和触头黏结 3 种。3 种失效形式都与分、合燃弧特性直接相关。建立电弧及电弧 - 触头作用的物理和数学模型是研究电磁继电器触头失效形式和失效机理的前提和基础，是开展电磁继电器大功率、小型化、高可靠和长寿命设计的关键技术之一。

开关电器电弧模拟主要有宏观和微观两种方法。电弧内部存在复杂的物理过程，如激发 - 退激、电离 - 复合以及解离等，通过一系列化学和数学公式可以实现对电弧内部粒子碰撞和能量输运过程的描述，建立电弧微观模型。采用微观模型求解电弧特性，计算量大，相关理论和求解方法目前仍不成熟。由于多数继电器工作在常压或高压气体环境下形成的电弧（不包括极旁区域）为热等离子体，满足局部热力学平衡条件，因此可以采用电弧宏观模型描述。目前应用最广泛的电弧宏观模型是磁流体动力学（MHD）模型，能够反应分断过程中触头间的电弧特性，获得电弧温度场、气流场、电场和磁场等分布随时间变化规律，因而得到了发展和应用。

尽管 MHD 电弧模型理论和求解方法日趋成熟，但是电弧仿真至今仍无法直接应用在电磁继电器产品设计中。对于小功率继电器而言，电弧熄灭主要依靠触头的机械拉伸作用，不需要采用专门的灭弧措施。电弧仿真主要用于产品失效模式和失效机理的分析，而产品性能优化及电寿命指标的提升主要通过电磁系统优化实现。

在电磁继电器大功率、小型化发展需求推动下，电弧烧蚀问题日渐凸显，单纯通过电磁系统优化已经无法同时满足功率、体积和电寿命的要求，必须采取一定的灭弧措施。现有高压直流大功率继电器全部采用永磁体进行磁吹灭弧。依靠触头的机械拉伸作用和吹弧磁场的弯曲作用来使电弧熄灭，其中拉伸作用强弱取决于触头开距，弯曲作用强弱取决于吹弧磁场分布。高压直流大功率继电器产品性能提升，最主要手段是优化吹弧磁场和触头间隙，实现快速熄弧，但受多因素限制。如吹弧磁场增强有利于电弧运动和拉伸，但是容易导致重燃，影响开断能力；触头间隙增大，有助于电弧热量散失，同时可抑制重燃，但会显著增加整机尺寸。因此，高压直流大功率继电器产品设计过程中需综合考虑整机尺寸、重量、灭弧条件等多目标要求，通过电弧仿真可获得不同条件下的电弧特性，进而确定吹弧磁场和开距的最优区间，为高压直流继电器产品设计和优化提供理论指导和技术保障。

未来电磁继电器电弧模型的发展主要有两个方向：一是电弧宏观模型与微观模型的结合，解决极旁区域模拟问题；二是与电磁系统瞬态、电弧触头相互作用等过程耦合起来。

（3）产品质量一致性稳健设计技术

电子元器件产品在制造和实际应用中受多种因素影响，质量分散性较大是制约我国元器件自主创新发展的主要技术瓶颈。军用电磁继电器作为一种常见的机电类元器件，结构和生产工艺复杂，很多关键工艺和装配环节需要人工参与完成，产品质量一致性难以控制。针对该问题，哈工大军用电器研究所提出一种电磁继电器产品质量一致性稳健设计方法，在完成产品功能设计基础上，采用试验设计法（Design of Experiment，DOE），通过参数稳健设计和容差稳健设计，科学地确定和分配影响产品质量特性波动的关键设计参数及容差，可为电磁继电器产品生产过程关键工序控制指标提供理论依据，从而大幅提高元器件产品质量一致性指标。该方法是缩短我国军用电磁继电器产品质量与国外差距的重要途径，尤其对提升军用电磁继电器国产化率和自主可控能力具有重要作用。

其中，动态特性快速计算的核心是电磁系统的快速计算。通过确定合理的优化目标函数，选定边界条件便可以选定寻优算法（如粒子群方法、遗传算法）完成优化；而要提升产品的一致性，首先通过快速计算模型得到输入参数与输出参数的线性、非线性性质，通过调节其工作点实现稳健设计，同时动态特性的快速计算为批次产品质量分布特性提供了可能。通过贡献率优化容差，最终使产品的质量一致性得到提升。

产品质量一致性稳健设计包括产品总体稳健设计、参数稳健设计和容差稳健设计等 3 个环节。其中参数稳健设计和容差稳健设计属于包括电磁继电器在内的所有电子元器件共性基础技术问题。

在自动化生产过程中，通过一致性稳健设计，确定产品工艺过程控制和管理的技术指标能够有效保证产品质量。但我国现有军用继电器生产中，仍有诸多工艺和装配环节需要手动完成。继电器生产线的自动化水平成为制约我国军用继电器质量一致性发展的关键问题。因此，在质量一致性稳健设计基础上，需要进一步发展关键工序数字化控制技术，设计柔性工装设备，提高生产线自动化水平，改善目前军用电磁继电器手工装配现状，为产品一致性提供坚实保障。

3. 结论

我们综合分析当前电磁继电器产品市场形势，结合产品设计与优化涉及的关键技术研究现状，对电磁继电器产品和技术的未来发展趋势进行了预测：

（1）目前电磁继电器产品发展方向以大功率、小型化、高可靠、长寿命为主，其中高电压、大功率继电器具有广泛的应用前景。

（2）电磁继电器相关研究关键技术主要包括虚拟样机技术、电弧理论与仿真技术以及产品质量一致性稳健设计技术。

（3）目前继电器的电磁和机械系统设计与优化主要通过虚拟样机技术实现。在进行优化过程中，为了解决有限元计算效率问题，现阶段主要通过磁路法与有限元法结合实现，未来可通过有限元模型并行化计算来实现。

（4）电弧仿真目前主要采用 MHD 方法获得继电器触头分断过程的电弧特性。未来电磁继电器电弧模型的发展主要围绕电弧宏观模型与微观模型的结合以及电弧仿真与电磁系统仿真、电弧 - 触头相互作用耦合两方面展开。

（5）产品质量一致性稳健设计包括产品总体稳健设计、参数稳健设计和容差稳健设计等 3 个环节。通过参数稳健设计和容差稳健设计，可确定影响产品质量特性波动的关键设计参数，并为其进行容差分配，指导控制电磁继电器产品生产过程关键工序，从而大幅度提高元器件产品质量一致性指标。

第四节　其他常用电器

一、低压开关

1. 刀开关

刀开关是一种手动的配电电器，是低压配电电器中结构最简单、应用最广泛的电器。主要用作低压电源的引入开关，使用时为确保维修人员的安全，由其将负载电路和电源明显隔开。刀开关主要用在低压成套配电装置中，用于不频繁地手动接通和分断交直流电路或作为隔离开关使用，也可以用于不频繁地接通与分断额定电流以下的负载，如小型电动机。

刀开关的结构简单，其极数有单极、双极和三极三种，每种又有单掷与双掷之分。应当注意，在安装刀开关时电源进线应接在静触头（刀座）上，负载则接在可动刀片下的另一端。如此，断开电源的时候裸露在外的触刀就不会带电。

目前常用的刀开关产品有两大类：一类能切断额定电流值以下的负载电流，主要用于低压配电装置中的开关板或动力箱等产品，又称之为负荷开关（一般是与熔断器串联组合的刀开关）。属于这一类产品的有 HD12、HD13、HD14 系列单掷刀开关，HS12、HS13 系列双掷刀开关，HK 系列开启式负荷开关和 HH 系列封闭式负荷开关；另一类是不能分断电流，只能作为隔离电源用的隔离器，主要用于一般的控制屏，称之为隔离开关。属于这类的产品有 HD11、HS11 系列单掷或双掷刀开关。

HK2 系列开启式负荷开关（瓷底胶盖刀开关），它的闸刀装在瓷制底座上，每相还附有熔体，主要适用于一般的照明电路和功率小于 5.5 kW 电动机的控制电路中。

组合开关又名转换开关，也是一种刀开关，不过它的刀片是转动式的。它的双断点动触头（刀片）和静触头装在数层封闭的绝缘件内，采用叠装式结构，其层数由动触头决定。动触头装在操作手柄的转轴上，随转轴旋转而改变各对触头的通断状态。由于组合开关采用扭簧储能，可使其快速接通和分断电路而与手柄旋转速度无关。

组合开关的结构比较紧凑，其实质是一种具有多触头、多位置的刀开关，有单极、双极、多极之分。除用作电源的引入开关外，还被用来直接控制小容量电动机及控制局部照明电路等。

常用的组合开关有 HZ5、HZI0、HZ15 等系列产品。

二、主令电器

主令电器是电气控制系统中，用于发送控制指令的非自动切换的小电流开关电器。利用它控制接触器、继电器或其他电器，使电路接通和分断来实现对生产机械的自动控制。主令电器应用广泛、种类繁多，主要有按钮、行程开关、接近开关、万能转换开关、凸轮控制器、主令控制器等。

1. 按钮

按钮是一种用来短时接通或分断小电流电路的手动控制电器。常用的按钮与前面介绍过的两种开关不同的是它能够自动复位，通常是由按钮远距离发出“指令”控制接触器、继电器等电器，再由它们去控制主电路的通断。

按钮一般由按钮帽、复位弹簧、桥式动触头、静触头和外壳组成。根据其触头的分合状况，可分为常开按钮、常闭按钮和复合按钮（常开、常闭组合的按钮）。按钮可以做成单个（称为单联按钮）、两个（称为双联按钮）和三个（称为三联式）的形式。

复合按钮的动作原理是按下按钮，常闭触头先断开，常开触头后闭合；松开按钮，常开触头先恢复断开，常闭触头后恢复闭合，这就是按钮的自动复位功能。

为便于识别按钮的作用，避免误操作，通常在按钮帽上做出不同标志或涂以不同颜色，以示区别。一般红色表示停止，绿色表示起动。同时，为了满足不同控制和操作的需要，按钮的结构形式也有所不同，如紧急式、钥匙式、旋钮式、按扣式、带灯式、打碎玻璃式等。

常用的按钮有国产的 LA18、LA19、LA20 系列，ABB 公司的 C 系列、K 系列。

2. 其他主令电器

行程开关是一种利用生产机械的某些运动部件的碰撞来发出控制指令的主令电器，用于控制生产机械的运动方向、速度、行程大小或位置。若将行程开关安装于生产机械行程的终点处，以限制其行程，则又称为限位开关或终点开关。

接近开关又称为无触头行程开关。当运动的物体（如金属）与之接近到一定距离可发出接近信号，它不仅可完成行程控制和限位保护，还可实现高速计数、测速、物位检测等。按照工作原理接近开关可以分为电感式、电容式、差动线圈式、永磁式、霍尔式、超声波式等，其中电感式最为常用。

主令控制器是用来较为频繁地切换复杂的多回路控制电路的主令电器，它一般由触头、凸轮、转轴、定位机构等组成。主令控制器主要用于轧钢、大型起重机及其他生产机械的电力拖动控制系统中对电动机的起动、制动和调速等做远距离控制。

三、熔断器

熔断器是一种利用物质过热熔化的性质制成的保护电器。

熔断器主要由熔体和安装熔体的熔管或熔座两部分组成。熔体主要是用高电阻率、低熔点的铅锡合金或低电阻率高熔点的银铜合金制成的，使用时将其串联在被保护的电路中。在正常情况下，熔体相当于一根导线，但当电路发生短路故障或严重过载时，熔断器的熔体就会熔断，自动切断电路，起到保护电路的目的。熔管是熔体的保护外壳，由陶瓷、绝缘钢纸或玻璃纤维制成，有的里面还装有填充料（如石英砂），在熔体熔断时兼起灭弧的作用。

熔断器的种类很多，按形状分为插入式、螺旋式和管式；按结构分为开启式、半封闭式和封闭式；按有无填料分为有填料式、无填料式；按用途分为工业用熔断器、保护半导体器件熔断器及自复式熔断器等。常用的熔断器有 RCIA 系列瓷插式、RL1 系列螺旋式、RM10 系列无填料封闭管式和 RT0 系列有填料封闭管式几种。

熔断器作为保护电器，具有结构简单、体积小、重量轻、使用和维护方便、价格低廉、可靠性高等优点，因此在强电系统和弱电系统中得到广泛应用。

综上所述，虽然熔断器和热继电器都是保护电器，但是它们的保护作用是各不相同的。熔断器用作短路保护，只有在严重过载时才能作过载保护；而热继电器由于它的热惯性，只能作过载保护，绝对不能用来作电路的短路保护。

四、低压断路器

低压断路器在低压电路中用于分断和接通负荷电路，不频繁地起动异步电动机，对电源线路及电动机等实行保护。它相当于是刀开关、热继电器、熔断器和欠电压继电器的组合，可以实现短路、过载、欠电压和失压保护，是低压电器中应用较广的一种保护电器。按照结构的不同可分为装置式和万能式两种。

低压断路器由触头系统、灭弧装置、脱扣器和操作机构等部分组成。当电路发生故障，脱扣器通过操作机构，使主触头在弹簧作用下迅速分断跳闸。操作机构较复杂，其通断可用手柄操作，也可用电磁机构操作，大容量的断路器也可采用电动机操作。

1. 主触头及灭弧装置

主触头及灭弧装置是断路器的执行部件，用于接通和分断主电路。为提高其分断能力，主触头采用耐弧金属制成，采用灭弧栅片灭弧。

2. 脱扣器

脱扣器是断路器的感受元件。当电路出现故障时，脱扣器感测到故障信号后，经脱扣机构使断路器的主触头分断。

（1）电磁脱扣器

电磁脱扣器的线圈串接在主电路中，当额定电流通过时，产生的电磁吸力不足以克服弹簧反力、衔铁不吸合。当出现瞬时过电流或短路电流时，衔铁被吸合并带动脱扣机构使低压断路器跳闸，从而达到瞬时过电流或短路电流保护的目的。

（2）过载脱扣器（热脱扣器）

过载脱扣器采用双金属片制成，加热元件串联在主电路中，当电流过载到一定值时，双金属片受热弯曲带动脱扣机构使断路器跳闸，达到过载保护的目的。

（3）欠电压、失压脱扣器

欠电压、失压是一个具有电压线圈的电磁机构，线圈并接在主电路中。当主电路电压正常时，脱扣器产生足够大的吸力，克服弹簧反力将衔铁吸合，断路器的主触头闭合。当主电路电压消失或降至一定数值以下时，其电磁吸力不足以继续吸持衔铁，在弹簧反力的作用下，衔铁推动脱扣机构使断路器跳闸，从而达到欠电压、失压保护的目的。

（4）分励脱扣器

分励脱扣器用于远距离操作。正常工作时，其线圈断电，需要远程操作时，使线圈通电，电磁铁带动操作机构动作，使低压断路器跳闸。

不是所有型号的低压断路器都具有上述几种脱扣器，因为低压断路器具有的多种功能是以脱扣器或附件的形式实现的。根据用途不同，断路器可以配备不同的脱扣器或附件。随着智能化低压电器的发展，以微处理器或单片机为核心的智能控制器构成的智能化断路器还具有在线监视、自行调节、测量、诊断、热记忆、通信等功能。

装置式低压断路器又称为塑壳式低压断路器。通过用模压绝缘材料制成的封闭型外壳将所有构件组装在一起，用于电动机及照明系统的控制、供电线路的保护等。其主要型号有 DZ5、DZ10、DZ15、DZ20，CM1 等系列以及带漏电保护功能的 DZL25 系列。

万能式低压断路器又称为框架式低压断路器，由具有绝缘衬垫的框架结构底座将所有的构件组装在一起，用于配电网络的保护。其主要型号有 DW10、DW15、C45、DPN、NC100 等系列。

本章主要介绍常用低压电器的结构、工作原理、型号、规格及应用，同时介绍了它们的图形符号及文字符号，为正确选择和合理使用这些电器打下基础。每种电器都有一定的适用范围和条件，要根据使用要求正确选用，它们的技术参数是选用的主要依据。参数可以在产品说明书（样本）及电工手册中查阅。

控制电器和保护电器的使用，除了要根据控制要求和保护要求正确选用电器的类型外，还要根据被控制、被保护电路的具体条件进行必要的调整，整定动作值。通过本章的学习，重点掌握主要电器的结构、原理、图形符号、文字符号、型号表示和选择原则等。在学习电器结构时，应联系实物，不要死记硬背。

低压电器是组成控制电路的基本器件。只有对低压电器有了真正的理解，才能学好控制电路的基本原理。所以，学习低压电器是学好控制电路的基础。

第六章 驱动和控制电机

第一节 单相异步电动机

单相异步电动机是利用单相交流电源供电的一种小容量交流电动机。由于它结构简单、成本低廉、运行可靠、维修方便，并可以直接在单相 220 V 交流电源上使用，因此被广泛用于办公场所、家用电器和医疗器械等方面，与人们的工作、学习和生活有着极为密切的关系。

单相异步电动机与同容量的三相异步电动机相比较，其不足之处是：体积较大、运行性能较差且效率较低，因此一般只制成小型和微型系列，容量在几十瓦到几百瓦之间。

一、单相异步电动机的结构

单相异步电动机的结构原理与三相异步电动机的原理大体相似，即它的转子为笼形结构，定子采用在定子铁芯槽内嵌放单相定子绕组的结构。

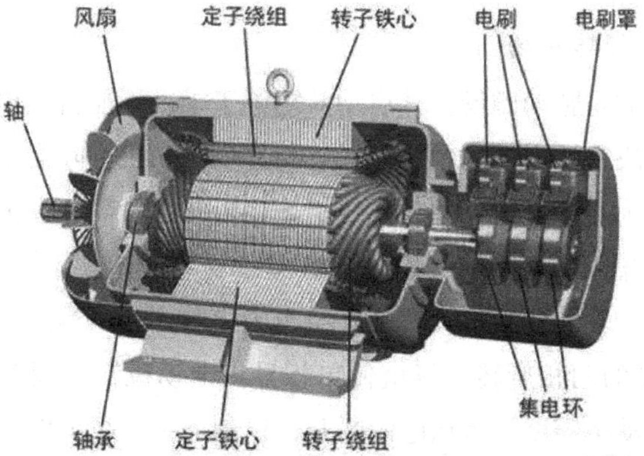

图 6–1 单相异步电动机的结构

二、单相异步电动机的转动原理

1. 单相异步电动机的脉动磁场

单相交流电流是一个随时间按正弦规律变化的电流。假设在单相交流电流的正半周时，电流从单相定子绕组的左半侧流入，从右半侧流出，则电流产生的磁场磁感应强度随电流的大小而变化，方向则保持不变。当电流为零时，磁感应强度也为零；当电流变为负半周时，则产生的磁场方向也随之发生变化。

由此可见，单相异步电动定子绕组通入单相电流后，产生的磁场大小和方向也随之不断变化，但是在任何时刻，磁场在空间的轴线并不移动，只是磁场的大小和方向与正弦电流一样随着时间按正弦规律作周期性变化，所以这种磁场称为脉动磁场。

为了便于分析问题，通常可以把这个脉动磁场分解成两个旋转磁场来看待。这两个磁场的旋转速度相等，但旋转方向相反。每个旋转磁场的磁感应强度的幅值等于脉动磁场的磁感应强度幅值的一半，任一瞬间脉动磁场的磁感应强度都等于这两个旋转磁场的磁感应强度的向量和。

既然可以把一个单相的脉动磁场分解成两个磁感应强度幅值相等、转向相反的旋转磁场，当然也可以认为，单相异步电动机的电磁转矩也是分别由这两个旋转磁场所产生的合成转矩。当电动机静止时，由于两个旋转磁场的磁感应强度大小相等、转向相反，因而在转子绕组中感应产生的电动势和电流大小相等、方向相反。故两个电磁转矩的大小也相等，方向也相反，于是合成转矩等于零，电动机不能启动。也就是说，单相异步电动机的启动转矩为零，这既是它的一大优点，也是它的一大缺点。如果用外力使转子转动一下，则不管是朝正向旋转还是反向旋转，电磁转矩都将逐渐增加，电动机将按外力作用方向达到稳定转速。

2. 两相绕组的旋转磁场

单相绕组产生的是脉动磁场，其启动转矩等于零，不能自行启动。要应用单相异步电动机，首先必须解决它的启动问题。一般单相异步电动机（除集中式罩极电动机外）均采用两套绕组：一套为主绕组，也称工作绕组、运行绕组；另一套为辅助绕组，也称启动绕组、副绕组。主、辅助绕组在定子空间上相差 90° 电角度，同时使两套绕组中的电流在时间上也不同相位。若要同相位，在辅助绕组中串联一个适当的电容器即可达到。这样一个相差 90° 电角度的两相旋转磁场就使单相异步电动机转动起来。电动机转动起来后，启动装置适时地自动将辅助绕组从电源断开，仅剩下主绕组工作。

在单相异步电动机定子中放入在空间上相差 90° 的两相定子绕组。向这两相定子绕组中通入在时间上相差 90° 电角度的两相交流电流，用产生三相异步电动机旋转磁场的分析方法进行分析，可知此时产生的磁场也是旋转磁场。由此可得出结论：只要将时间上相差 90° 的两个电流通入在空间上相差 90° 的定子绕组，就能使单相异步电动机产生一个两相旋转磁场。在它的作用下，转子得到启动转矩而转动起来。

3. **单相异步电动机的转矩特点**

单相的脉动磁场可以分解成两个磁感应强度幅值相等、转向相反的旋转磁场。正、反转磁场同时分别在转子绕组中感应产生相应的电动势和电流，从而分别产生使电动机正转和反转的电磁转矩 T_{em+} 和 T_{em-}。正转电磁转矩若为拖动转矩，反转电磁转矩则为制动转矩。正转电磁转矩 T_{em+} 与正转转差率 S+ 的关系 T_{em+}=f（S_+）。它的曲线形状与三相异步电动机的类似，如图 3.41 中的曲线 1 所示。反转电磁转矩 Tem- 与反转转差率 s_- 的关系 T_{em-}=f（S_-），它的曲线形状与 T_{em+}=f（S_+）的完全一样，只不过 T_{em+} 为正值，而 T_{em-} 为负值，并且两转差率之间有 s_++s_-=2 的关系，T_{em}–=f（s_-）如图 6-2 中的曲线 2 所示。曲线 1 和曲线 2 分别为正转和反转的 T_m-s 曲线，它们相对于原点对称。电动机的合成电磁转矩为 T_{em}=T_{em+}+T_{em-}。因此在单相电源供电下，单相异步电动机的 T_{em}-S 曲线为 T_{em+}+T_{em-}=f（s），如图 6-2 中的曲线 3 所示。

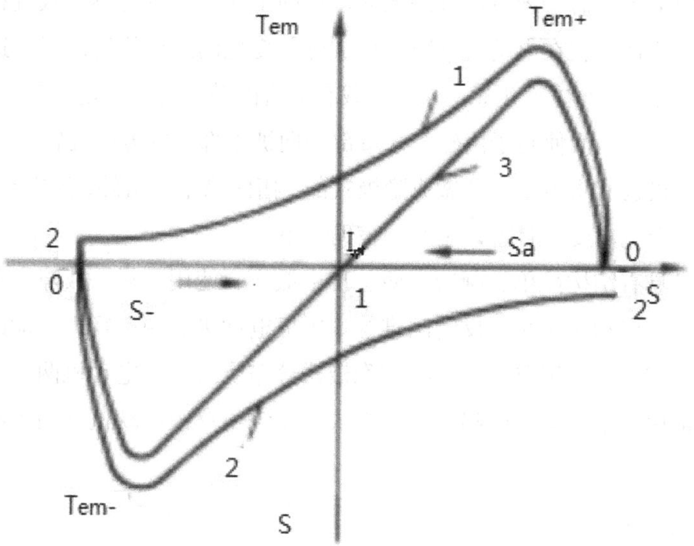

图 6–2　单相异步电动机的 Tem–S 曲线

从图 6-2 所示的 T_{em}-S 曲线可看出，单相异步电动机的转矩有两个特点。

（1）电动机不转时，n=0，即 s+=s_=1 时，合成转矩 T_{em+}+T_{em-}=0，电动机无启动转矩。

（2）如果施加外力使电动机向正转或反转方向转动，即 s_+ 或 s_- 不为 1 时，这样合成电磁转矩不等于零，去掉外力，电动机会被加速到接近同步转速 n_0。换句话说，单相异步电动机虽无启动转矩，但一经启动，就会沿着启动的方向转动而不停止。

三、单相异步电动机的启动方法

从前面分析可以知道，单相异步电动机不能自行启动，而必须依靠外力来完成启动过程。

单相异步电动机一旦启动，就可朝启动方向连续不断地运转下去。根据启动方式的不同，单相异步电动机可以分为许多不同的形式，常用的有：罩极式电短路铜环动机；分相式电动机；电容式电动机。下面将分别介绍这些电动机的特性及其启动方法等。

1. 罩极式电动机

罩极式电动机的结构，定子上有凸出的磁极，主绕组就安置在这个磁极上。在磁极表面约 1/3 处开有一个凹槽，将磁极分成大、小两部分。在磁极小的部分套着一个短路铜环，将磁极的一部分罩了起来，称为罩极，它相当于一个辅助绕组。当定子绕组中接入单相交流电源后，磁极中将产生交变磁通，穿过短路铜环的磁通，在铜环内产生一个相位上滞后的感应电流。由于这个感应电流的作用，磁极被罩部分的磁通不但在大小上与未罩部分不同，而且在相位上也滞后于未罩部分的磁通。这两个在空间位置不一致且在时间上又有一定相位差的交变磁通，就在电动机气隙中构成脉动变化的近似旋转磁场。这个旋转磁场切割转子后，就使转子绕组中产生感应电流。载有电流的转子绕组与定子旋转磁场相互作用，转子得到启动转矩，从而使转子由磁极未罩部分向被罩部分的方向旋转。

罩极式电动机也有将定子铁芯做成隐极式的，槽内除主绕组外，还嵌有一个匝数较少，与主绕组错开一个电角度，且自行短路的辅助绕组。

罩极电动机具有结构简单、制造方便、价格低廉、使用可靠、故障率低的特点，其主要缺点是效率低、启动转矩小、反转困难等。罩极电动机多用于轻载启动的负荷。罩极电动机可分为凸极式集中绕组罩极电动机和隐极式分布绕组罩极电动机两种。凸极式集中绕组罩极电动机常用于电风扇、电唱机，隐极式分布绕组罩极电动机则用于小型鼓风机、油泵中。

2. 分相式电动机

单相分相式电动机又称为电阻启动异步电动机。它的结构简单，主要由定子、转子、离心开关三部分组成。转子为笼形结构，定子采用齿槽式。定子铁芯上面布置有两套绕组，运行用的主绕组使用较相的导线绕制，启动用的辅助绕组采用较细的导线绕制。一般主绕组占定子总槽数的 2/3，辅助绕组占定子总槽数的 1/3，这两套绕组在空间上相差 90°。辅助绕组在启动过程中接入电路，当电动机达到额定转速的 70% ~ 80% 时，离心开关就将辅助绕组从电源电路断开，这时电动机进入正常运行状况。在启动时，为了使启动用的辅助绕组电流与运行用的主绕组电流在时间上产生相位差，通常用增大辅助绕组本身的电阻（如采用细导线）或在辅助绕组回路中串联电阻的方法来达到，即电阻分相式。

由于这两套绕组中的电阻与电抗分量不同，故电阻大、电抗小的辅助绕组中的电流，比主绕组中的电流先期达到最大值，因而在两套绕组之间出现了一定的相位差，形成了两相电流。结果就建立起了一个旋转磁场，转子就因电磁感应作用而旋转。

从前面内容可以知道，单相分相式电动机的启动依赖于定子铁芯上相差 90° 电角度的主、辅助绕组来完成。若要使主、辅助绕组间的相位差足够大，就要求辅助绕组选用细导线来增加电阻，因而辅助绕组导线的电流密度都比主绕组大，故辅助绕组只能短时工作。启动完毕后必须立即与电源切断，如超过一定时间，辅助绕组就可能因发热而烧毁。

单相分相式电动机的启动。可以用离心开关或多种类型的启动继电器去完成。

离心开关包括旋转部分和固定部分，旋转部分装在转轴上，固定部分装在前端盖内。它利用一个随转轴一起转动的部件一离心块，当电动机转子达到额定转速的 70% ~ 80% 时，离心块的离心力大于弹簧对动触点的压力，动触点与静触点脱开，从而切断辅助绕组的电源，让电动机的主绕组单独留在电源上正常运行。

继电器的衔铁线圈 KA 串联在主绕组回路中，启动时，主绕组中电流很大，使启动继电器衔铁被吸合，则串联在辅助绕组中回路中的动合触点闭合，接通辅助绕组电路，电动机处于两组绕组工作状态而开始启动。随着转子转速上升，主绕组中的电流不断下降，衔铁线圈的吸力也随之下降，当达到一定的转速时，电磁铁的吸力小于 KA 触点的反力弹簧的弹力，触点断开，电动机正常运行。

分相电动机具有结构简单、价格低廉、故障率低、使用方便的特点。分相式电动机的启动转矩一般是满载转矩的两倍，因此它的应用范围很广，如小型车床、鼓风机、电冰箱、空调机的配套电动机等。

3. 电容式电动机

单相电容式电动机可分为电容启动式电动机、电容运行式电动机、电容启动与运行式电动机三种形式。电容式电动机与同样功率的分相式电动机，在外形尺寸、定子铁芯、转子铁芯、绕组、机械结构等都基本相同，只是添加了 1 ~ 2 个电容器而已。

分相式电动机的定子有两套绕组，且在空间上相差 90° 。在启动时，接入在时间上具有不同相位的电流后，产生了一个近似的两相旋转磁场，从而使电动机转动。但在实际应用中，每套绕组的电阻和电抗不可能完全减少为零，所以两套绕组中电流 90” 相位差是不可能获得的。从实用出发，只要相位差足够大时，就能产生近似的两相旋转磁场，从而使转子转动起来。

若在电动机的辅助绕组中串联一个电容器，它的电流在相位上就将比电路电压超前。将绕组和电容器容量适当设计，两套绕组相互就可以达到 90° 相位差的最佳状况，这样就改进了电动机的性能。但实际启动时，定子中的电流关系还随转子的转速而改变。因此，要使它们在这段时间内仍有 90° 的相位差，那么电容器电容量的大小就必须随转速和负载的改变而改变，显然这种办法是做不到的。由于这个原因，因此根据电动机所拖动负载的特性而将电动机进行适当设计，这样就有了三种形式的电容式电动机。

（1）电容启动式电动机

电容器经过离心开关 S 接到启动用的辅助绕组，主、辅助绕组的出线接通电源，电动机开始运转。当转速达到额定转速的 70% ~ 80% 时，离心开关动作，切断辅助绕组的电源。

在电容式电动机中，电容器一般装在机座顶上。由于电容器只在极短的几秒钟启动时间内才工作，故可采用电容量较大、价格较便宜的电解电容器。为加大启动转矩，其电容量可适当选大些。

（2）电容运行式电动机

电容器与启动用辅助绕组中没有串接启动装置，因此电容器与辅助绕组将和主绕组一起长期运行在电源电路上。在这类电动机中，要求电容器能长期耐较高的电压，故必须使用价格较贵的纸介质或油浸纸介质电容器，不能采用电解电容器。

电容运行式电动机省去了启动装置，从而简化了电动机的整体结构，降低了成本，提高了运行可靠性。同时，由于辅助绕组也参与运行，这样就实际增加了电动机的输出功率。

（3）电容启动与运行式电动机

电容启动与运行式电动机兼有电容启动式电动机和电容运行式电动机两种电动机的特点。启动用辅助绕组经过运行电容与电源接通，并经过离心开关与容量较大的启动电容并联。接通电源时，电容都连接在启动用辅助绕组回路中。这时电动机开始启动，当转速达到额定转速的 70% ~ 80% 时，离心开关 S 动作，将启动电容从电源电路切除，而运行电容 C 仍留在电路中运行。

显然，这种电动机需要使用两个电容器，又要装启动装置，因而结构复杂，并且增加了成本。

在电容启动与运转式电动机中，也可以不用两个电容量不同的电容器，而用一个自耦变压器。启动时跨接电容器两端的电压增高，使电容器的有效容量比运转时大 4 ~ 5 倍。这种电动机用的离心开关 s 是双掷式的，电动机启动后，离心开关接至图示位置，降低了电容器的电压和等效电容量，以适应运行的需要。

单相电容式电动机三种类型的特性及用途如下。

①单相电容启动式电动机具有较高的启动转矩，一般为满载转矩的 3 ~ 5 倍，故能适用于满载启动的场合。因为它的电容器和辅助绕组只在启动时接入电路，所以它的运转与同样大小并有相同设计的分相式电动机的基本相同。单相电容启动式电动机多用于电冰箱、水泵、小型空气压缩机及其他需要满载启动的电器和机械。

②单相电容运行式电动机的启动转矩较低，但功率因数和效率均比较高。它体积小、质量轻、运行平稳、振动与噪声小可反转、能调速，适用于直接与负载连接的场合。如电风扇、通风机、录音机及各种空载或轻载启动的机械，但不适于空载或轻载运行的负载。

③单相电容启动与运行式电动机具有较好的启动性能，较高的功率因数、效率和过载能力，可以调速，适用于带负载启动和要求低噪声的场合，如小型机床、泵、家用电器等。

四、单相异步电动机的调速与反转

1. 单相异步电动机的调速

单相异步电动机与三相异步电动机一样，转速的调节也比较困难。如果采用变频调速，则设备复杂、成本高，因此一般只采用简单的降压调速。常用的调速方法有串电抗器调速、定子绕组抽头调速和晶闸管调速三种方式。

（1）串电抗器调速

将电抗器与电动机定子绕组串联，利用电流在电抗器上产生的压降，使加到电动机定子绕组上的电压低于电源电压，从而达到降低电动机转速的目的。因此，用串电抗器调速时，电动机的转速只能由额定转速往低调。吊扇串电抗器调速电路，改变电抗器的抽头连接可得到高低不同的转速。

（2）定子绕组抽头调速

为了节约材料、降低成本，可把调速电抗器与定子绕组做成一体。由单相电容运行异步电动机组成的台扇和落地扇普遍采用定子绕组抽头调速的方法。这种电动机的定子铁芯槽中嵌放有工作绕组、启动绕组和调速绕组（中间绕组）。通过调速开关改变调速绕组与启动绕组及工作绕组的接线方法，从而改变电动机内部旋转磁场的强弱实现调速的目的。这种调速方法的优点是不需要电抗器，节省材料、耗电少，缺点是绕组嵌线和接线比较复杂，电动机与调速开关之间的连线较多，所以不适合于吊扇。

（3）晶闸管调速

单相异步电动机还可采用双向晶闸管调速。调速时，旋转控制电路中的带开关电位器，就能改变双向晶闸管的控制角，使电动机得到不同的电压，达到调速的目的。这种调速方法可以实现无级调速，控制简单、效率较高。其缺点是电压波形差，存在电磁干扰。目前这种调速方法常用于吊扇上。

2. 单相异步电动机的反转

单相异步电动机的转向与旋转磁场的转向相同，要使单相异步电动机反转，就必须改变旋转磁场的转向。改变单相异步电动机旋转磁场的转向有两种方法：一种是把工作绕组或启动绕组的首端和末端与电源的接法对调；另一种是把电容器从一组绕组中改接到另一组绕组中，此法只适用电容运行式单相异步电动机。

第二节　单相串激电动机

单相串激电动机俗称单相串励电动机或通用电机（Universal Motor），因激磁绕组和励磁绕组串联在一起工作而得名。串激电机属于交、直流两用电动机，它既可以使用交流电源工作，也可以使用直流电源工作。

一、单相串激电动机的特点及主要用途

1. 单相串激电动机的特点

可交、直流两用；转速高，一般在8000 ~ 35000 r/min；调速方便且转速与电源频率无关；启动转矩大，为4 ~ 6倍额定转矩；机械特性较软，过载能力强；体积小、用料省；碳刷和换向器有摩擦、有换向火花、易产生电磁干扰。

2. 单相串激电动机的主要用途

电动工具，如电钻、电锯、砂光机、电刨等；园林工具，如割草机修枝剪、电链锯等；医疗器械，如牙床机；家用电器，如吸尘器、电吹风、榨汁机、滚筒洗衣机等。

二、单相串激电动机的结构

单相串激电动机的结构主要由定子、转子、前后端盖（罩）及散热风叶组成。定子由定子铁芯和套在极靴上的绕组组成，其作用是产生励磁磁通、导磁及支撑前后罩；转子由转子铁芯、轴、电枢绕组及换向器组成，其作用是产生连续的电磁转矩，通过转轴带动负载做功，将电能转换为机械能；前后罩起支撑电枢，将定子转子连接固定成一体的作用。

三、单相串激电动机的工作原理

单相串激电动机定子线圈与转子线圈在电路上是串联关系。当单相串激电动机电源处于交流电正半周时，由左手定则可以判定，转子受到电磁转矩的作用沿逆时针方向旋转；当交流电变化到负半周时，磁场极性改变，同时电枢电流的方向也随之改变。因此电磁转矩的方向不变，仍为逆时针方向，即电动机的转向不变。

由此可见，因换向器的换流作用，不论电动机工作在交流电的正半波、负半波或直流电，其电磁转矩的方向都是一致的，这正是单相串激电动机可以交流、直流两用的原因。

四、单相串激电动机的转向改变方法

改变单相串激电动机转动方向的方法有以下几种：

1. 改变定子线圈的绕向；

2. 碳刷所连接的电源线对调；

3. 改变转子绕线方式。

注意：对调电源线不能改变单相串激电动机转动方向。

五、单相串激电动机的调速

单相串激电动机转速为

$$n = \frac{60\sqrt{2}E10^{-8}}{\phi N}$$

式中：

E——电枢电动势有效值（V）;

Φ——每极磁通（Wb）;

N——电枢导体数;

N——电动机转速（r/min）。

单相串激电动机的磁极对数 p、并联支路数 a 均为 1。

由式可见，单相串激电动机的转速与电源频率、磁极对数无关。电势由电压决定，改变电压、减少磁通和电枢导体数均能改变转速。

（1）调压调速

各电阻及电枢绕组、激磁绕组组成充放电电路，充放电电路越大，充放电时间越长。当输入交流电压为正半周时，二极管导通，充电回路开始充电；当电容器 C 两端电压升高到可控硅的触发电压时，可控硅 SCR 触发导通，调节电阻 R，即可控制充电时间，从而控制整流电压，达到调速的目的。

（2）串联电抗器调速

串联电抗器调速，改变电抗器抽头可实现有级调速。

（3）串联电阻调速

串联电阻调速，电枢回路串电阻，加在电动机两端的电压将下降，从而实现降压调速。

第三节　测速发电机

测速发电机是机械转速测量装置。它的输入是转速，输出是与转速成正比的电压信号。根据输出电压的不同，测速发电机分为直流测速发电机和交流测速发电机两种。在实际应用中，对测速发电机的要求主要有以下几个方面：

一是线性度要好，最好在全程范围内输出电压与转速之间成正比关系；

二是测速发电机的转动惯量要小，以保证测速的快速性；

三是测速发电机的灵敏度要高，较小的转速变化也能引起输出电压明显的变化。

一、直流测速发电机

直流测速发电机实际上是微型直流发电机，包括永磁式测速发电机和电磁式测速发电机，输出为直流电压。

1. 直流测速发电机的输出特性

直流测速发电机的原理与直流发电机相同，在忽略电枢反应的情况下，可得直流测速发电机的输出特性，如图 6-3 所示。

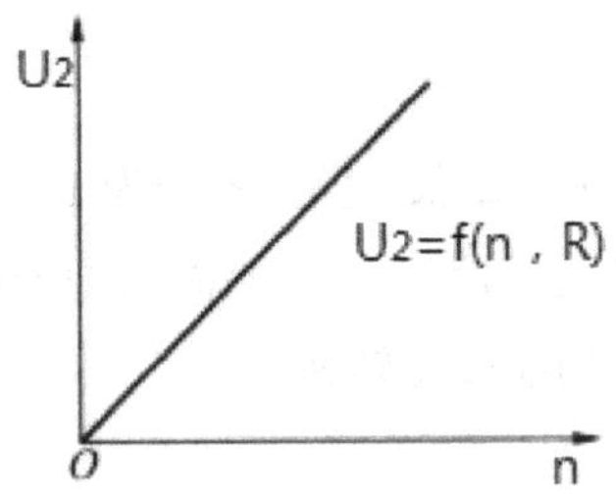

图 6–3　直流测速发电机

2. 直流测速发电机的误差及减小误差的方法

实际的直流测速发电机的输出电压与转速间并不能保持严格的正比关系，产生误差的原因主要有以下几个方面：

（1）电枢反应

由于有电枢反应，使得主磁通发生变化，电动势常数 k 将不再为常数，而是随负载电流的变化而变化的输出特性负载电流升高电动势系数 k 略有减小，特性曲线向下弯曲。

为消除电枢反应的影响，除在设计时采用补偿绕组进行补偿结构上加大气隙削弱电枢反应的影响外，对于使用者而言，还应使发电机的负载电阻阻值等于或大于负载电阻的规定值，这样可使负载电流对电枢反应的影响尽可能小。

（2）电刷接触电阻的影响

电刷接触电阻为非线性电阻。当测速发电机的转速低，输出电压也低时，接触电阻较大，电刷接触电阻压降在总电枢电压中所占比重大，实际输出电压较小；而当转速升高时接触电阻变小，接触电压也将变小。因此，在低转速时转速与电压间的关系由于接触电阻的非线性影响而有一个不灵敏区。为减小电刷接触电阻的影响，使用时可对低输出电压进行非线性补偿。

二、交流测速发电机

交流测速发电机分为同步测速发电机和异步测速发电机。同步测速发电机的输出频率和电压幅值均随转速的变化而变化，因此一般用作指示式转速计，很少用于控制系统中的转速测量；异步测速发电机的输出电压频率与励磁电压频率相同而与转速无关，其输出电压与转速成正比，因此在控制系统中得到广泛的应用，本书只介绍异步测速发电机。

1. **空心杯型转子异步测速发电机的工作原理**

异步测速发电机分为笼型和空心杯型两种。笼型测速发电机不及空心杯型测速发电机的测量精度高，而且空心杯型结构的测速发电机的转动惯量也小，适合于快速系统，因此目前应用比较广泛的是空心杯型测速发电机。

定子两相绕组在空间位置上严格相差 90° 电角度，在一相上加恒频恒压的交流电源，使其作为励磁绕组产生励磁磁通；另一相作为输出绕组，输出与励磁绕组电源同频率，幅值与转速成正比的交流电压 U2。

空心杯型测速发电机的转子为空心杯，用电阻率较大的非磁性材料制成，其目的是获得线性度较好的电压输出信号。电机励磁绕组中加入恒频恒压的励磁电压时，励磁绕组中有励磁电流流过，产生与屏幕识图电源同频率的脉振磁通势 F_0 和脉振磁通 Φ_0 脉振磁通势和脉振磁通 Φ_d。在励磁绕组的轴线方向上脉振，称为直轴磁通势和磁通。电机转子和输出绕组中的电动势及由此而产生的反应磁通势，根据电机的转速可分两种情况：

电机不转：

当转速 n=0 时，转子中的电动势为变压器性质电动势，该电动势产生的转子磁通势性质和励磁磁通势性质相同，均为直轴磁通势。输出绕组由于与励磁绕组在空间位置上相差 90° 电角度，因此不产生感应电动势，输出电压 $U_2=0$。

电机旋转：

当转速 $n \neq 0$ 时，转子切割脉振磁通 Φ_d，产生切割电动势 E。转子电动势的幅值与转速成正比，其方向可用右手定则判断。

2. **异步测速发电机的误差**

异步测速发电机的主要误差包括幅值及相位误差和剩余电压误差。

（1）幅值及相位误差

由于输出电压除与转速有关外还与 Φ_d 有关，因此若想输出电压严格正比于转速 n，则 Φ_d 应保持为常数。当励磁电压为常数时，由于励磁绕组的漏感抗存在，使得励磁绕组电动势与外加励磁电压有一个相位差，因而随着转速的变化使得中的幅值和相位均发生变化，造成输出电压的误差。为减小该误差可增大转子电阻。

（2）剩余电压误差

由于加工、装配过程中存在机械上的不对称及定子磁性材料性能的不一致性，使得测速发电机转速为零时，实际输出电压并不为零，此时的输出电压被称为剩余电压。剩余电压引起的测量误差称为剩余电压误差。减小剩余电压误差的方法是选择高质量、各方向特性一致的磁性材料。在机加工和装配过程中提高机械精度，也可通过装配补偿绕组的方法加以补偿。对于使用者可通过电路补偿的方法去除剩余电压的影响。

第四节　伺服电机

伺服电动机又称为执行电动机，在自动控制系统中作为执行元件，将输入的电压信号变换成转轴的角位移或角速度以控制受控对象。伺服电动机可控性好、反应迅速，是自动控制系统和计算机外围设备中常用的执行元件。

伺服电动机可分为交流伺服电动机和直流伺服电动机两类。

伺服电动机的性能要求是宽广的调速范围，机械特性和调节特性为线性，无“自转”现象即控制电压为零时能立即自行停转和快速响应。

一、交流伺服电动机

交流伺服电动机根据运行原理的不同，分为感应式（或称异步式）、永磁同步式、永磁直流无刷式、磁阻同步式等形式。这些电动机都是具有励磁绕组的定子结构，下面仅就两相交流伺服电动机进行讨论。

1. 两相交流伺服电动机的基本结构

两相交流伺服电动机的结构与单相电容式异步电动机的结构相似，主要由定子和转子构成。定子装有两个绕组，一个是励磁绕组，另一个是控制绕组，它们在空间上相差90°。

转子的形式有两种，分别为笼形和杯形两种。笼形转子和三相鼠笼式异步电动机的转子结构相似，只是为了减小转动惯量而做得细长一些。为了减小转动惯量，空心杯形转子通常用高电阻系数的非磁性的铝合金或铜合金制成空心薄壁圆筒，在空心杯形转子内放置固定的内定子，起闭合磁路的作用，以减小回路的磁阻。空心杯形转子可以看作由无数根笼形导条并联组成，因此，它的原理与笼形转子相同。杯形转子伺服电动机转子质量小、惯性小、启动电压低、对信号反应快、调速范围宽，多用于运行平滑的系统。

2. 两相交流伺服电动机的工作原理

（1）交流伺服电动机的工作原理

交流伺服电动机的工作原理和电容分相式单相异步电动机的相似。励磁绕组和控制绕组通常分别接在两个值不同但频率相同的交流电源上，在没有控制电压时，气隙中只有励磁绕组产生的脉动磁场，转子上没有启动转矩而静止不动。当有控制电压且控制绕组电流与励磁绕组电流不同相时，则在气隙中产生一个旋转磁场并产生电磁转矩 T，使转子沿旋转磁场的方向旋转，旋转磁场转速为 $n_0=60f/p$。转子转向与旋转磁场的方向相同，把控制电压的相位改变 180°，则可改变两相交流伺服电动机的旋转方向。

（2）交流伺服电动机的“自转”及“自转”的消除

普通的单相异步电动机启动后，电磁转矩 T 与转速 n 的方向相同，即使启动绕组断电，电动机仍然能够旋转。根据这一原理，两相交流伺服电动机一旦转动后，即使取消控制电压，仅励磁电压单相供电，它将继续转动，出现失控现象，我们把这种因失控而自行旋转的现象称为“自转”。

交流伺服电动机消除“自转”的方法就是使转子导条具有较大的电阻。由三相异步电动机的机械特性曲线可知，转子电阻对电动机的转速、转矩特性影响很大。采用薄壁杯形转子和鼠笼条用高阻材料黄铜等方法可以使电阻 R 变得足够大。交流伺服电动机去掉控制电压后，脉动磁场分解为正、反两个旋转磁场对应产生的转矩曲线。当速度 n 为正时，电磁转矩 T 为负；当速度 n 为负时，电磁转矩 T 为正。即去掉控制电压后，电磁转矩 T（合成转矩）的方向总是与电动机转子的旋转方向相反，是一个制动转矩。这一制动转矩的存在就保证了当控制电压消失后，由于合成转矩 T 的存在，使得电动机将被迅速制动而停转，消除了“自转”现象。

交流伺服电动机增大转子导条电阻 R，除了可消除“自转”现象外，还可扩大调速范围、改善调节特性、提高反应速度。

与普通两相异步电动机相比，伺服电动机具有以下特点：

①伺服电动机应当有较宽的调速范围；

②当励磁电压不为零，控制电压为零时其转速也应为零；

③机械特性应为线性并且动态特性要好；

④伺服电机的转子电阻应当大，转动惯量应当小。

3. 交流伺服电动机的控制方法

交流伺服电动机的转速大小调节，是靠两相绕组合成椭圆旋转磁场的椭圆度大小来自动调节的。椭圆度大，正转旋转磁场相应地会削弱，对应的正向转矩减小。反之旋转磁场则加强，对应的反向转矩增大，则合成转矩减小，转速降低，反之转速增大。交流伺服电动机转向的改变靠控制电源反相，使合成磁场反转，转子跟着反转。

椭圆度的调节靠改变控制绕组所加电压大小和相位来实现。因此，交流伺服电动机可采用下列三种方法来控制伺服电动机的转速高低及旋转方向。

（1）幅值控制

幅值控制，即保持控制电压与励磁电压间的相位差不变，仅改变控制电压的幅值。

幅值控制电路比较简单，生产应用最多，幅值控制的一种电路是两相绕组接于同一单相电源，适当选择电容 C，使相位差为 90°，改变 R 的大小，即改变控制电压的大小，可以得到不同控制电压下的机械特性曲线。在一定负载转矩下，控制电压越高，转差率越小，电动机的转速就越高，因此改变电压可改变电动机的转速。

幅值控制交流伺服电机具有以下特性：

当励磁电压为额定电压，控制电压为零时，伺服电机转速为零，电机不转；

当励磁电压为额定电压，控制电压也为额定电压时，伺服电机转速最大，转矩也为最大；

当励磁电压为额定电压，控制电压在额定电压与零电压之间变化时，伺服电机的转速在最高转速至零转速间变化。

（2）相位控制

相位控制接线是通过调节控制电压的相位（即调节控制电压与励磁电压之间的相位角）来改变电动机的转速，控制电压的幅值保持不变。当相位角为零时，电动机停转，相位角加大，则电磁转矩加大，使电动机转速增加，这种控制方式一般很少用。

（3）幅-相控制

这种控制方式是把励磁绕组串联电容C后接到稳压电源上，用调节控制电压U的幅值来改变电动机的转速。此时励磁电压和控制电压之间的相位角也随之改变，因此称为幅相控制。这种控制方式设备简单、成本较低，因此是最常用的一种控制方式。

交流伺服电动机具有运行平稳噪声小、反应迅速等优点，由于其机械特性曲线是非线性的，且由于转子电阻大使损耗大、效率低，因此一般只用于100 W以下的小功率控制系统中，国产交流伺服电动机的型号为SK系列。

当控制电压的幅值改变时，电机转速发生变化，此时励磁绕组中的电流随之发生变化，励磁电流的变化引起电容端电压的变化，使控制电压与励磁电压之间的相位角β改变。幅相控制的机械特性和调节特性不如幅值控制和相位控制，但由于线路比较简单，不需要移相器，因此在实际应用中用得较多。

二、直流伺服电动机

1. 直流伺服电动机的分类和结构

直流伺服电动机按其结构原理不同，可分为传统型直流伺服电动机和低惯量型直流伺服电动机两大类。

传统型直流伺服电动机的基本结构和工作原理与普通直流电动机的相同，不同点只是它的转子做得细长一些，以满足快速响应的要求。传统型直流伺服电动机按励磁方式的不同，可分为电磁式直流伺服电动机和永磁式直流伺服电动机两种。电磁式直流伺服电动机又分为他励式、并励式和串励式，但一般多用他励式。

低惯量型直流伺服电动机有盘形电枢式直流伺服电动机、空心杯电枢式直流伺服电动机、无刷电枢式直流伺服电动机和无槽电枢式直流伺服电动机等几种。

普通型直流伺服电机：

普通型直流伺服电机的结构与他励直流电机的结构相同，由定子和转子两大部分组成。根据励磁方式又可分为电磁式和永磁式两种。电磁式伺服电机的定子磁极上装有励磁绕组，励磁绕组接励磁控制电压产生磁通；永磁式伺服电机的磁极是永磁铁，其磁通是不可控的。与普通直流电机相同，直流伺服电机的转子一般由硅钢片叠压而成，转子外圆有槽，槽内装有电枢绕组，绕组通过换向器和电刷与外边电枢控制电路相连接。为提高控制精度和响应速度，伺服电机的电枢铁芯长度与直径之比比普通直流电机要大，气隙也较小。

当定子中的励磁磁通和转子中的电流相互作用时，就会产生电磁转矩驱动电枢转动，恰当地控制转子中电枢电流的方向和大小，就可以控制伺服电机的转动方向和转动速度。电枢电流为零时，伺服电机则停止不动。普通的电磁式和永磁式直流伺服电机性能接近，它们的惯性较其他类型伺服电机大。

盘形电枢直流伺服电机：

盘形电枢直流伺服电机的定子由永久磁铁和前后铁轭共同组成。磁铁可以在圆盘电枢的一侧，也可在其两侧。盘形伺服电机的转子电枢由线圈沿转轴的径向圆周排列，并用环氧树脂浇注成圆盘形。盘形绕组中通过的电流是径向电流，而磁通是轴向的，径向电流与轴向磁通相互作用产生电磁转矩，使伺服电机旋转。

空心杯电枢直流伺服电机：

空心杯电枢直流伺服电机有两个定子。一个由软磁材料构成的内定子和一个由永磁材料构成的外定子，外定子产生磁通，内定子主要起导磁作用。空心杯伺服电机的转子，由单个成型线圈沿轴向排列成空心杯形，并用环氧树脂浇注成型。空心杯电枢直接装在转轴上，在内外定子间的气隙中旋转。

无槽直流伺服电机：

无槽直流伺服电机与普通伺服电机的区别是无槽直流伺服电机的转子铁芯上不开元件槽，电枢绕组元件直接放置在铁芯的外表面，然后用环氧树脂浇注成型。

后三种伺服电机与普通伺服电机相比，具有转动惯量小、电枢等效电感小的特点，因此其动态特性较好，适用于快速系统。

2. 直流伺服电动机的工作原理

直流伺服电动机的基本工作原理与普通他励直流电动机的完全相同，依靠电枢电流 I 与气隙磁通 Φ 的作用产生电磁转矩 T，使伺服电动机转动。

在保持励磁电压不变的条件下，通过改变控制电压的大小和极性来控制伺服电动机的转速和转向。控制电压越小，则转速 n 越低；当控制电压为 0 时，电动机停转。由于控制电压为零时，电枢电流 I 和电磁转矩 T 均为零，电动机不产生电磁转矩，故直流伺服电动机不会出现“自转”现象，所以直流伺服电动机是自动控制系统中一种很好的执行元件。

3. 直流伺服电动机的控制特性

调节特性是指电磁转矩 T 一定时，直流伺服电动机的转速 n 与控制电压 U 之间的关系。

调节特性曲线与横轴的交点表示在某一电磁转矩 T 时电动机的始动电压。

若负载转矩 T 一定时，当控制电压大于始动电压，直流伺服电动机便启动并达到某一转速；反之，当控制电压小于始动电压，直流伺服电动机则不能启动。

一般将调节特性曲线上横坐标从零到始动电压这一范围称为失灵区。失灵区的大小与负载转矩 T 成正比，负载转矩 T 越大，失灵区越宽。但同样的负载转矩 T 下，失灵区越窄，则灵敏度越高。

4. **直流伺服电动机的控制方式**

直流伺服电动机的控制方式有电枢电压控制和磁场控制两种方式。直流伺服电动机反转可采用改变电枢控制电压 U 的极性和改变磁通 Φ 的方向两种方式。直流伺服电动机的调速可采用改变电枢电压和励磁磁通的大小两种方式，通常采用改变电枢电压方式。

5. **直流伺服电动机的特点及应用**

直流伺服电动机在电枢控制方式运行时，特性曲线的线性度好、调速范围大、效率高、启动转矩大，没有“自转”现象，可以说，具有理想的伺服性能。但是，直流伺服电动机电刷和换向器的接触电阻数值不够稳定，对低速运行的稳定有一定影响。此外，电刷与换向器之间的火花有可能对控制系统产生有害的电磁波干扰。

直流伺服电动机的输出功率一般为 1 ~ 600 W，比较大，通常应用于功率稍大的系统中，如随动系统中的位置控制。数控机床中的工作台的位置控制等。

三、伺服系统的发展展望

伺服系统也叫位置随动系统。它的根本任务是实现执行机械对位置指令（给定量）的准确跟踪，当给定量随机变化时，系统能使被控制量准确无误地跟随并复现给定量，是一个位置反馈控制系统”，主要包括电机和驱动器两部分，广泛用于航空、航天、国防及工业自动化等自动控制领域。随着电力电子、控制理论、计算机术等技术的快速发展以及电机制造工艺水平的不断提高，伺服系统近年来获得了迅速发展。

1. **伺服系统的发展阶段**

伺服系统的发展与伺服电动机的不同发展阶段相联系，由直流电机构成的伺服系统是直流伺服系统，由交流电机构成伺服系统是交流伺服系统。伺服电动机至今经历了三个主要发展阶段：

（1）第一个发展阶段（20 世纪 60 年代以前）：步进电动机开环伺服系统

伺服系统的驱动电机为步进电动机或功率步进电动机，位置控制为开环系统。步进电机是一种将电脉冲转化为角位移的执行机构，两相混合式步进电机步距角一般为 3.6°、1.8°，五相混合式步进电机步距角一般为 0.72°、0.36°。

步进电机存在一些缺点：在低速时易出现低频振动现象；一般不具有过载能力；步进电机的控制为开环控制，启动频率过高或负载过大易出现丢步或堵转现象，停止时转速过高易出现过冲现象。

（2）第二个发展阶段（20 世纪 60 到 70 年代）：直流伺服电动机闭环伺服系统

由于直流电动机具有优良的调速性能，因此很多高性能驱动装置采用了直流电动机，伺服系统的位置控制也由开环系统发展成为闭环系统。在数控机床的应用领域，永磁式直流电动机占统治地位，其控制电路简单，无励磁损耗，低速性能好。

（3）第三个发展阶段（80 年代至今）：无刷直流伺服电动机、交流伺服电动机伺服系统

由于伺服电机结构及其材料、控制技术的突破性进展，因而出现了无刷直流伺服电动机、交流伺服电动机等种种新型电动机。交流伺服电机包括永磁同步电机和感应式异步电机，由永磁同步电机构成的交流伺服系统在技术上已趋于完全成熟，具备了十分优良的低速性能，并可实现弱磁高速控制，拓宽了系统的调速范围，适应了高性能伺服驱动的要求。又因为微电子技术的快速发展，交流伺服系统的控制方式也迅速向微机控制方向发展，并由硬件伺服转向软件伺服或智能化的软件伺服。利用 PWM 技术能够方便地控制输出电压的幅值、相位、频率，PWM 技术已成为现代交流伺服的基础性技术。交流伺服驱动系统为闭环控制，内部构成位置环和速度环，控制性能可靠。交流伺服电机具有控制精度较高、运行性能好、较强的过载能力等特点。交流伺服系统具有共振抑制功能，并且系统内部具有频率解析机能，可检测出机械的共振点，便于系统调整。

交流伺服驱动系统存在的主要问题是交流伺服驱动系统的低速稳定性问题，它是制约速度控制特性的主要问题。而提高速度的动态响应，降低转速波动，改善速度的控制特性是伺服驱动控制的主要目标。

2. 伺服系统的发展趋势

（1）交流化

目前国际市场上，几乎所有的新产品都是交流伺服系统。其中 Kollmorgen 公司的“金系列”代表了当代永磁交流伺服技术的最新水平，在国内生产交流伺服电机厂家也越来越多。

（2）智能化

智能化是当前一切工业控制设备的流行趋势，最新数字化的伺服控制单元通常都设计为智能型产品。它们的智能化特点表现在以下几个方面：首先他们都具有参数记忆功能，系统的所有运行参数都可以通过人机对话的方式用软件来设置，保存在伺服单元内部，通过通信接口，这些参数可以在运行途中由上位计算机加以修改；其次它们都具有故障自诊断与分析功能，当系统出现故障，它会将故障的类型以及可能引起故障的原因通过用户界清楚显示出来，这就简化了维修与调试的复杂性；有的伺服系统还具有参数自整定的功能。

（3）小型化

目前，伺服系统一般将整个控制回路装在一台现场仪表里，将伺服电机，现场仪表控制器安装为一体。伺服系统一体化，使得它的安装与调试工作都得到了简化；将整个控制回路装在一台现场仪表里，又减少了因信号传输中的泄露和干扰等因素对系统的影响，提

高了系统的可靠性。而且最新型的伺服控制系统已经开始使用智能控制功率模块 IPM，这种器件将输入隔离、能耗制动、过温、过压、过流保护及故障诊断等功能全部集成在一个不大的模块之中。它的应用显著地简化了伺服单元的设计，并实现了伺服系统的小型化和微型化。

（4）网络化

国际上以工业局域网技术为基础的工厂自动化工程技术在最近十年来得到了长足的发展。为适应这一发展趋势，交流伺服系统也应具有标准的串行通信接口（如 RS-232）和专用的局域网接口，增强其与其他控制设备间的互联能力，只需要一根电缆或光缆，就可以将数台、甚至数十台伺服单元与上位计算机连接成为整个数控系统。现场总线企业网作为今后控制系统的发展方向，以其所具有的开放性、网络化等优点，使它与 INTRENET 的结合成为可能，现在许多最新的伺服产品都具有现场总线接口。

相信随着材料技术、电力电子技术、控制理论技术、计算机技术、微电子技术的快速发展以及电机制造工艺水平的逐步提高，伺服系统必将获得更加快速地发展，智能化、网络化的交流伺服系统正成为现代伺服领域研究的热点。

第七章　实用电气控制

电气控制系统是机械设备的重要组成部分，是保证机械设备各种运动的准确与协调、生产工艺各项要求得以满足、工作安全可靠及操作自动化的主要技术手段。了解电气控制系统对于机械设备的正确安装、调整、维护与使用都是必不可少的。

在分析典型生产机械的电气控制系统时，首先，应对其机械结构及各部分的运动特征有清楚地了解。其次，因为现代生产机械多采用机械、液压和电气相结合的控制技术，并以电气控制系统技术作为连接中枢，所以应树立机、电、液压相结合的整体概念，注意它们之间的协调关系。机床电气控制电路的复杂程度虽差异很大，但均是由电动机的起动、正反转制动、点动控制、多电机起动的先后顺序控制等基本控制环节组成的，因此对复杂的控制电路要“化整为零”，按照主电路、控制电路和其他辅助电路等逐一分解，各个击破。

机床除在机械加工制造行业大量使用外，在其他行业也有很多用途。它是非常典型的机电一体化设备。本章通过对常用机床电气控制电路实例的分析，使读者掌握常用的车床、钻床和组合机床电气控制电路的工作原理，了解电气部分在整个设备中所处的地位和作用，进一步阐述电气控制系统的分析方法，强化电气识图能力，为正确使用机床、机床电气故障的维修和掌握机电接触器电气控制系统打下一定的基础。

本章的内容是在掌握常用低压电器及基本控制环节的基础上，总结电气控制系统分析的基本内容和一般规律，并通过车床和钻床的典型生产机械电气控制电路的实例分析，进一步说明电气控制系统分析的方法和具体步骤。

任何复杂的电气控制电路，都是由许多基本控制环节组成的。因此，熟练掌握基本控制环节对分析机械设备的电气控制系统来说是十分必要的。同时，各种电气设备有其特殊的控制要求，控制电路也有各自的特点。通过大量的读图分析，掌握基本控制环节的组合方式和特殊控制要求的实施方法，是一个电气工程技术人员必须具备的基本能力。

第一节　车床的电气控制

车床是一种用途极广并且很普遍的金属切割机床，主要用来车削外圆、内圆、端面、螺纹和定型面，也可用钻头、铰刀等刀具进行钻孔、镗孔、倒角、割槽及切断等加工工作。

一、卧式车床的结构及工作要求

卧式车床主要由床身、主轴变速箱、尾座进给箱、丝杆、光杆、刀架和溜板箱等组成。

车床在加工过程中有切削运动和辅助运动。切削运动包括主运动和进给运动，而切削运动以外的其他运动皆称为辅助运动。

车床的主运动为工件的旋转运动，它是由主轴通过卡盘或顶尖带动工件旋转，其承受车削加工时的主要切削功率。车削加工时，应根据被加工工件的材料、刀具种类、工件尺寸、工艺要求等来选择不同的切削速度，这就要求主轴能在相当大的范围内调速。车削加工时，一般不要求反转，但在加工螺纹时要反转退刀，再纵向进刀继续加工，这就要求主轴具有正、反转功能。主轴旋转是由主轴电动机经传动机构拖动的，因此主轴的正、反转可通过操作手柄采用机械方法来实现。

车床的进给运动是溜板带动刀架的纵向或横向直线运动。其运动方式有手动或机动两种。加工螺纹时，工件的旋转速度与刀具的进给速度应有严格的比例关系。为此，车床溜板箱与主轴箱之间通过齿轮传动来连接，而主运动与进给运动由一台电动机拖动。车床的辅助运动有刀架的快速移动、尾架的移动以及工件的夹紧与放松等。

二、对电力拖动与控制的要求

车削加工的特点与恒功率负载相似，因而一般中小型车床均采用三相交流异步电动机进行拖动，配合齿轮变速箱进行机械调速来满足恒功率调速。

根据车床的运行情况和工艺要求，车床对电气控制提出如下要求：

1. 主拖动电动机从经济性考虑，一般选用笼型异步电动机，选用机械调速电动机与主轴之间使用齿轮变速箱连接。

2. 在车削加工时，为防止因温度升高造成刀具的损坏，需要增加一台冷却泵。它应在主电动机起动后起动，并在冷却电动机不能提供冷却液时，不允许主电动机工作。冷却电动机为单方向旋转。

3. 为了车削螺纹，要求主轴能够进行正、反转。对于小型车床主轴的正、反转由主拖动电动机按常规继电器正、反转控制设计。当主拖动电动机容量较大时，可考虑采用摩擦离合器的方法来实现主轴的正、反转。

4. 主电动机可采用直接起动或星型 - 三角形起动；要求快速停车，以节省时间，一般可采用机械或电气制动。

5. 为实现溜板箱的快速移动，由单独的快速移动电动机拖动，采用点动控制。

6. 控制电路应有必要的保护措施与安全的局部照明电路。

三、卧式车床电气控制系统分析

下面以 C650 型卧式车床控制电路为例，对卧式车床电气控制系统进行分析。

图 7-1 为 C650 型卧式车床的电气原理图。车床共有三台电动机。M_1 为主轴电动机，拖动主轴旋转，并通过进给机构实现进给运动。除了具有短路保护和过载保护装置外，还通过电流互感器 TA 接入电流表监视 M_1 的负载电流。在主回路中串联限流电阻 R，其作用有两点：一是减小起动电流，二是限制制动电流。M_2 为冷却电动机，提供冷却液。M_3 为快速移动电动机，拖动刀架快速移动。

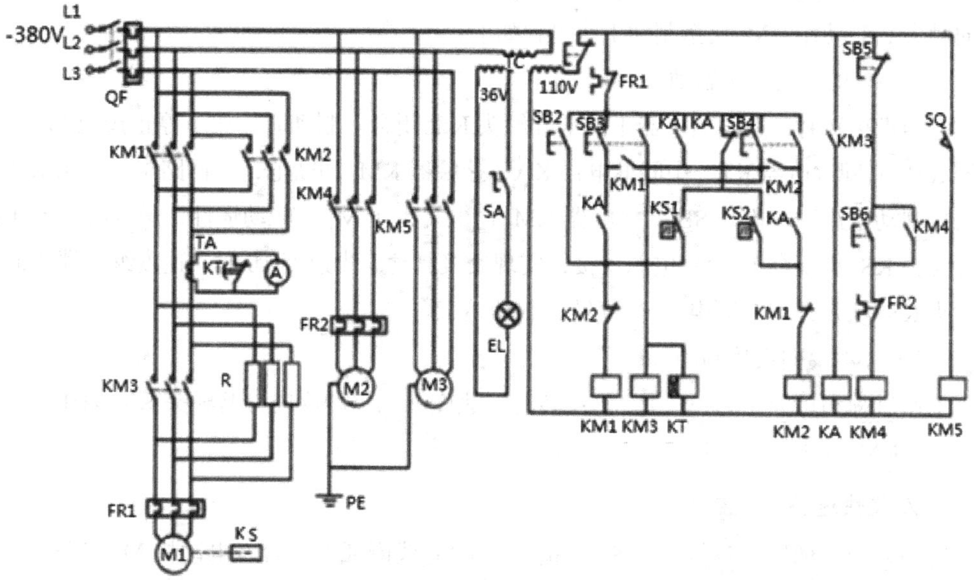

图 7–1　C650 型卧式车床的电气原理图

1.M1 的点动控制

车床调速时，要求 M_1 点动控制，工作过程如下：

首先合上断路器 QF，按下起动按钮 SB_2，接触器 KM_1 线圈通电吸合，其主触头闭合，电动机 M 串接限流电阻 R 低速转动，实现点动。

当松开 SB_2，接触器 KM_1 断电，M_1 停转。

2.M1 的正、反转控制

（1）正转

合上断路器 QF，按下起动按钮 SB_3，接触器 KM_3 线圈通电吸合，将电阻 R 短接。同时时间继电器 KT 通电。同时，KM_3 的常开触头闭合，使中间继电器 KA 通电，于是接触器 KM_1 线圈通电吸合并保持，电动机 M_1 正向起动。

主电路中通过电流互感器 TA 接入电流表监视负载电流，为防止起动电流对电流表的冲击，起动时利用时间继电器 KT 常闭触头把电流表短接。当延时 t 秒后，KT 延时断开常闭触头断开，将电流表串接于主电路中。

（2）反转

合上断路器 QF，按下起动按钮 SB4，接触器 KM_3 线圈通电吸合，将电阻 R 短接。同时，时间继电器 KT 通电。同时，KM_3 的常开触头闭合，使中间继电器 KA 通电，于是接触器 KM_2 线圈通电吸合并保持，使电源相序反接，M_1 反向起动。

电流表跟正转时作用相同。

3.M1 的反接制动控制

C650 型卧式车床采用速度继电器实现电气反接制动。速度继电器 KS 与电动机 M_1 同轴连接，当电动机正转时，速度继电器正向触头 KS_2 动作；当电动机反转时，速度继电器反向触头 KS_1 动作。M_1 反接制动工作过程如下：

（1）M_1 的正向反接制动

电动机正转时，速度继电器正向常开触头 KS_2 闭合。制动时，按下停止按钮 SB_1，接触器 KM_3 时间继电器 KT、中间继电器 KA、接触器 KM_1 均断电，主回路串入电阻 R（限制反接制动电流）；松开 SB_1，接触器 KM_2 通电（由于 M_1 的转动惯性，速度继电器正向常开触头 KS_2 仍闭合），M_1 电源反接，实现反接制动；当速度 ≈0 时，速度继电器正向常开触头 KS_2 断开，KM_2 断电，M_1 停转，制动结束。

（2）M 的反向反接制动

工作过程和正向相同，只是 M_1 反转时，速度继电器的反向常开触头 KS_1 动作。反向制动时，KM_1 通电，实现反向反接制动。

4. 刀架快速移动控制

转动刀架手柄压下限位开关 SQ，接触器 KM_5 线圈通电吸合，电动机 M_3 转动，实现刀架快速移动。

5. 冷却泵电动机控制

按下起动按钮 SB_6，接触器 KM_4 线圈通电吸合，M_2 转动，提供冷却液。

按下停止按钮 SB_5，KM_4 断电，M_2 停止转动。

四、CDL6136 普通车床的经济型数控化改造

（一）绪论

1. 课题研究的背景及意义

机械制造业是提高国民经济建设的重要基础产业，而机床是发展机械制造业必不可少的生产工具。我国机械制造业与欧美等发达国家相比总体水平较低。通过提升制造业的装备水平，能够有效地提高加工产品的质量、降低产品成本，增强市场竞争力。随着我国市场经济的发展，市场竞争日益激烈，产品更新更为迅速，中、小批量的生产越来越多。企

业要在当前市场需求多变、竞争激烈的环境中生存和发展就需要迅速地更新和开发出新产品，以最低的价格、最好的质量、最短的时间去满足市场需求的不断变化。显然普通机床已经不能适应这种市场的需求。

在 1952 年，美国麻省理工学院研制出世界上第一台数控机床，可以说数控机床的产生是机械制造业中的一次质的飞跃。新研发出来的数控机床与普通机床相比较具有很多特点：加工精度高，具有稳定的加工质量；可进行多坐标的联动，能加工形状复杂的零件；加工零件改变时，一般只需要更改数控加工程序，可节省生产准备时间；机床本身的精度高、刚性大，可选择有利的加工用量，生产率高（一般为普通机床的 3 ~ 5 倍）；机床自动化程度高，可以减轻劳动强度。

在我们国家，有很多的大、中型企业所使用的机床还都是普通机床，如果淘汰大量的普通机床，而去购买昂贵的数控机床，势必造成巨大的浪费，而且许多中、小型企业必将难以承受，而普通机床的数控化改造同购置新的数控机床相比，一般可以节省 60% ~ 80% 的费用，改造费用低、交货期短，特别是大型、特殊机床尤其明显。因此，普通机床的数控化改造对于我国来说尤为重要。

2. 国内外相关领域研究现状

（1）国外机床数控化改造研究现状

数控机床的使用在现代制造业中处于一个相当重要的位置，它的发展不仅是我国制造业的重要基础，并且是我国国民经济的重要基础。因为一切高端技术的研究与生产都离不开制造业的支持，而数控机床在制造业中无疑处于一个高端的领域，数控机床的加工效率及加工精度对于世界制造业来说都占据着不可或缺的位置。因为目前世界大部分国家的机床都还是以传统机床占主导地位，如果全部购买并更换为数控机床，费用不菲，所以当今世界上的德国、美国和欧洲各国等发达国家除了进行新型数控机床的研发以外，还把目光放在了普通机床的数控化改造上，并且把机床改造作为一行新的行业来带动经济的增长。在国外有很多从事机床改造业的公司，如德国的 Schiess 公司、美国的 Bertsche 工程公司、ayton 机床公司等等，在日本的千代田工机公司、野崎工程公司、滨田工程公司、山本工程公司等。

（2）国内机床数控化改造研究现状

目前，对于中国的制造业来说，我国现有机床大部分还都是传统机床，与世界发达国家相比较来说，尚且处于一个比较落后的水平，所以，机床数控化改造业对于我们中国来说可行性更高。机床改造技术愈加的成熟，意味着我们将会用更少的资金来更大的提高我国的生产力水平。我国目前机床总量 380 余万台，而其中数控机床总数只有 11 34 万台，即我国机床数控化率不到 3%、所以机床数控化改造行业在中国势在必行。目前，中国已有很多公司对此展开了大量的工作。如：国防科技工业发展普通机床数控化改造“十五”期间计划改造 1.2 ~ 1.6 万台。改造后生产率提高约 3 倍，加工精度提高 20%，与新购设备相比可节约资金 50% 以上。中国三江航天集团对具有改造价值的 109 台普通机床进行了数控化改造，取得了良好的效果。中国兵器工业集团西南自动化研究所积极开发普通机床数控化改造技术，累计完成普通机床数控化改造 2000 余台。

（3）常用数控系统

①德国 SIEMENS 数控系统

该系统是一个集成数字控制器、可编程控制器、人机操作界面等控制系统元件于一体的控制系统。西门子公司最新研发的可分布式安装驱动技术，以简化系统结构为目的，利用 DRIVE-CLiQ 接口可最多连接 6 轴数字驱动，利用现场控制总线 PROFIBUS DP 连接外部设备。西门子公司最新驱动技术的研发，大大地简化了安装步骤，使得连接只需几根连线就能完成安装。

德国西门子系统是我国国内比较常用的一种数控系统，其系统类型有很多。目前，在我们国内比较常用的数控系统有 802S、802C、802D、810D、840D、840C 等几种类型。

SINUMERIK 802D：SINUMERIK 802D 是一种将 PLC、CNC、通讯和人机界面等功能集成于其核心部件 CPU 的具有免维护功能的数控系统。该数控系统自动集成标准 PLC 子程序库以及实例程序，给用户提供了方便，减少了用户的设计周期，并且该系统可靠性强、易于安装。该系统可进行最多 4 轴联动控制，同时还能对一个数字或者模拟主轴进行控制。该系统为机床提供动力是全数字化的，由驱动装置 SIMODRIVE611Ue 以及 1FK6 伺服电机来实现。

SINUMERIK 810D：SINUMERIK 810D 数控系统在数控领域中首次将驱动控制和 CNC 集成为一体。最显著的特点就是循环处理能力的突出表现。该系统还提供很多加工循环功能，如钻削循环、车削循环等功能。在其他方面如提前预测功能、坐标变换功能、模拟量控制模拟信号输出功能、刀具管理功能、样条插补功能、多项式插补功能等功能上也具有很大的优势。温度的变化对于数控系统而言也至关重要，该系统还具有温度补偿功能，此功能能保证数控系统在高速运行状态下保证温度的合理性，以便数控机床的正常运行。

SINUMERIK 840D：SINUMERIK 840D 的显著特点在于该系统的动态品质以及控制精度上。该系统主要用于加工各种复杂的成型曲面零件。通过在系统平台上进行系统设定，该系统适用于多种控制技术。

②日本 FANUC

该数控系统来源于日本的富士通公司，该系统是中国初步迈入数控机床领域中时，国内市场上比较常用的一种数控系统。到目前为止，国产数控机床上数控系统的选用大部分均为 FANUC 系统。现在在中国市场上所使用的 FANUC 系统主要有 FANUC 0、FANUC0i、FANUC16、FANUC18、FANUC21 等系统，国内应用最为广泛的是 FANUC0i 系统。

FANUC 0i 数控系统的特点：

该系统元件结构布置合理、紧凑，安装时节省空间、时间。

该系统编程支持宏程序、椭圆等复杂曲面便于加工。

该系统用户程序区容量比 OMD 系统大一倍，其 PMC 程序基本指令执行周期比 OMD 系统短，便于用户进行较复杂零件的加工，应用更加方便。

在数控系统安装过程中，很多用户会根据要求进行现场功能扩充或者进行技术改造。为了此工作的顺利进行，该系统采用编辑卡编写或者修改梯形图的功能，简化携带与操作工作量。

为了提高数控机床的生产效率，该系统提供了存储卡存储或输入机床参数、PMC 程序以及加工程序等功能，使得工作人员在机床调试、输入参数等过程中简单快捷，大高一倍。大大降低了圆弧类零件加工的误差。

零件加工误差一部分来自机床横、纵向运动轴进给时的反向间隙。该系统在快速进给以及进给移动时，分别设定不同的参数，这一功能大大地降低了零件加工时由于反向间隙所造成的误差。

在轮廓加工过程中，系统的预读控制和前馈等功能十分重要，这在很大程度上影响着轮廓加工误差的大小。该系统设置为预读 12 个程序段。这一功能可以提高小线段高速加工的效率，并且在模具三维立体加工中也有很大优势。

③日本三菱数控系统

三菱数控系统由数控硬件和数控软件两部分组成。

三菱数控系统主要由三部分组成，分别为控制系统、伺服系统、位置测量系统。控制系统的功能是根据用户输入数控系统的零件加工程序来进行直线和圆弧等插补计算，并将插补计算的结果传送至伺服系统；伺服系统接收到信息后，将控制指令放大，将命令下达给控制各个运动轴的伺服电机，伺服电机根据命令控制各个进给系统进行相应的机械运动；位置测量系统不断地对机械运动的位置或者速度进行测量，并将测量结果反馈给控制系统，控制系统根据反馈回来的信息来修正指令以控制工作误差。

在机械制造业中常用的三菱数控系统有：M70V 系列、M60S 系列、E68 系列、C6 系列、C70 系列。

④华中数控、广州数控

华中数控的数控系统：具有自主版权的华中 I 型数控系统，荣获了国家科技进步二等奖和国家教委科技进步一等奖；具有自主知识产权的华中“世纪星”高、中、低端系列数控系统产品，与国内数十家著名主机厂实现了批量配套，其中五轴联动数控产品打破国外技术封锁，成为我国军工企业（南昌洪都航空集团）选用的首台全国产化高档数控设备。华中数控自主开发了具有当今国内领先水平的 HSV.160、HSV.162、HSV.18D 数字交流伺服驱动单元、HSV.185 数字交流伺服主轴单元，采用模块化结构，具有精度高、响应快、超低速性能好特点，技术性能达到国际先进水平。

广州数控的数控系统：广州数控设备有限公司在我国数控领域方面占据领军地位。广州数控自主研发的 GSK 系列数控车床、数控铣床、数控磨床等数控系统被广泛地应用于国内数控设备中，GSK 系统数控系统主要有 GSK983M、GSK218M、GSK980TD 系列等系统。

GSK218M 是广州数控设备有限公司自主研发和生产的普及型数控系统（适合于加工中心及普通铣床配备），采用 32 位高性能的 CPU 和超大规模可编程器件 FPGA，实时控制和硬件插补技术保证了系统 um 级精度下的高效率，可在线编辑的 PLC 使逻辑控制功能更加灵活强大。GSK980TD 系统可最多对 5 个进给轴以及 2 个模拟主轴进行控制，最小指令单位 0.1μm。PLC 梯形图在线显示、实时监控、具有手动试切和多次限时停机功能。

⑤西班牙 FAGOR（8025/8030/8040/8050/80551）

⑥法国 NUM（1020/1040/1060/1050）

⑦德国博世力士乐（Bosch）

3. 机床的数控化改造内容

（1）机床的数控化改造主要内容

①恢复原机床功能。

在数控机床改造过程中，必须对改造前机床功能进行系统地了解，对原机床进行故障诊断，并且进行相应功能的恢复。

②机床 NC 化。

在传统机床上安装数控系统，对原机床进行数控化改造，使其成为 NC 机床或者 CNC 机床。

③翻新。

安装数控系统后的机床，原机床很多功能部件已经不能满足改造后机床要求，故需对原机床的机械部分以及电器部分进行调整，以达到提高工件加工精度、增大生产效率和机床自动化的要求。

④技术更新或技术创新。

为了大幅度地提高机床性能或者为了使用新工艺、新技术，对原机床进行技术更新，以达到提高原机床性能的目的。

（2）数控化改造技术的发展趋势

①高速化、高精度化

高速化：提高加工工件时的进给速度以提高加工效率，提高加工工件时主轴转速以提高加工精度。目前，国内使用的数控车床转速一般为 3000r/min，高速车削中心最高可达 8000r/min；数控铣床转速一般为 800r/min，高速铣削中心甚至达到 15000r/min。但是这对于日益发展的制造业来说还远远不够，我们对于零件的精度以及生产效率越来越高。这致使数控化改造技术将向更高速化发展。

高精度化：制造业是一切行业的基础，很多行业的发展都要靠制造业来支撑。一件高科技产品的产生除了严密的设计外，还要有高精度的机床来进行加工制造。目前，普通数控机床的加工精度达到 5μum，精度级加工中心的加工精度达到（1 ~ 1.5）um，超精密加工精度已开始进入纳米级。

②多功能化

多功能化：为了降低生产成本，提高生产效率，用户越来越希望一台数控设备可以实现多种机床的功能，这就要求数控化改造要向着多功能化发展。如果在一台机床上既能进行车削加工、钻削加工，又能进行铣削加工、攻丝加工等，那么这种机床即提高了生产效率，又提高了零件的加工精度。

③智能化

智能化：在数控系统中，很多功能都体现了智能化。为追求加工效率和加工质量方面的智能化；为提高驱动性能及使用连接方便等方面的智能化；简化编程、简化操作方面的智能化；还有如智能化的自动编程、智能化的人机界面等以及智能诊断、智能监控等方面的内容，方便系统的诊断及维修。此外，还具有许多特别的智能功能，如加工运动规划、推理和决策能力以及加工环境的感知能力、制造网络通信能力（包括与人的交互）、智能数据库和智能监控等。

④绿色化

绿色化：一台普通数控机床设备的重量一般在 1.75t ~ 2.3t 之间，而一台数控加工中心的重量一般在4t ~ 6t之间。如何重量的机床给机床的运输以及安装都带来了极大的不便，如何能够降低机床部件的重量，又不影响机床的刚度，已经引起了广泛的注意。绿色机床就是以这个目的为方向来进行研究的。一般实现这一目的的方法有三种：通过优化机床结构设计来降低机床重量，通过采用新材料、新技术来使机床部件本身重量降低，最后一种是采用自适应补偿技术提高机床的精度。

（二）CDL6136 普通车床经济型数控化改造设计

随着科技的发展，传统机床的应用逐渐地被各种数控机床所替代。但是，中国目前传统机床占机床使用率比较大，为了能够更好地进行机械加工，我们就要有选择性地对一些传统机床进行数控化改造，因为普通机床的数控化改造同购置新机床相比，一般可以节省 60% ~ 80% 的费用，改造费用低，特别是大型、特殊机床尤其明显。一般大型机床改造的费用只占购买新机床费用的 1/3 左右。改造后的机床大大地降低了工人的劳动强度，提高了产品的加工精度，并且缩短了新产品试制周期和生产周期，使研发的新产品可对市场需求做出更加快速的反应，推动我国经济的发展。本课题针对 CDL6136 普通车床的经济型数控化改造进行了相关研究。

1.CDL6136 普通车床经济型数控化改造总体设计方案

（1）改造前 CDL6136 普通车床现状

改造前普通车床为大连机床集团有限责任公司生产的产品，是一种高性能的复合国际标准的车床，但由于对于加工精度、加工效率等因素的要求以及在使用过程中机床的磨损等因素，因而现普通车床已不能满足加工要求，现在的车床主要指标、数据及精度为：

①床身上最大工作回转直径：360mm；

②刀架上最大工件回转直径：185mm；

③横向最大行程：215mm；纵向最大行程：750mm；

④电机最大转速：2000r/min；

⑤机床电机功率：4.5kw；

⑥机床精度：20um；

（2）普通车床数控化改造后性能指标

①床身上最大工作回转直径：360mm；

②刀架上最大工件回转直径：185mm；

③横向最大行程：215mm；纵向最大行程：750mm；

④电机最大转速：3000r/min；

⑤机床电机功率：5.5kw；

⑥机床精度：5um；

（3）总体设计方案

总体思路：控制信号经控制面板通过键盘或其他输入输出设备将信号传递给计算机数控装置。计算机数控装置将信号传递给 X、Z、主轴、刀架伺服驱动单元，各驱动单元对信号进行处理后，控制各自执行电机运动，从而实现对机床运动件的控制。机床上安装有测量装置，通过对机床的实际动作、位移进行检测，将信号反馈给计算机数控装置。

各主要组成部分作用说明：

①操作面板：是操作人员与计算机数控装置交流的工具。由按钮站、状态灯、按键阵列（功能与计算机键盘一样）和显示器组成，是数控机床特有部件。

②介质与输入输出设备：输入输出设备是记录零件加工程序的媒介，是 CNC 系统与外部设备进行交互装置。交互的信息通常是零件加工程序。即将编制好的记录在控制介质上的零件加工程序输入 CNC 系统或将调试好了的零件加工程序通过输出设备存放或记录在相应的控制介质上。

③通讯：现代的数控系统除采用输入输出设备进行信息交换外，一般都具有用通讯方式进行信息交换的能力。它们是实现 CAD/CAM 的集成、FMS 和 CIMS 的基本技术。采用的方式有：串行通讯（RS-232 等串口）、自动控制专用接口和规范（DNC 方式，MAP 协议等）、网络技术（internet，LAN）等

④计算机数控装置：由计算机系统、位置控制板、PLC 接口板、通用接口板、特殊功能模块及相应的控制软件来组成。通过对输入的零件加工程序进行相应的处理，然后输出相应的控制命令到执行部件。这些工作由 CNC 装置内硬件与软件协调配合，合理组织，从而维持整个系统的有序工作。CNC 装置属于 CNC 系统的核心。

⑤伺服驱动单元：包括伺服装置和电机

本课题中，要求改造后的车床具有 C 轴功能，所以主轴电机采用主轴伺服单元来控制；同时，为保证实现刀架的自动换刀动作，刀架电机也由专门的刀架伺服驱动单元来控制。

⑥测量装置：包括位置测量和速度测量装置，以实现进给伺服系统的闭环控制。可以灵敏、准确地跟踪 CNC 指令，从而完成主轴运动和进给运动指令动作。

⑦ PLC（Programmable Logic Controller））主要用于完成与逻辑运算中与顺序动作有关的 IO 控制，由硬件与软件组成。

⑧机床 I/O 电路与装置：实现 1/O 控制的执行部件（由继电器、电磁阀、行程开关、接触器等）组成的逻辑电路。通过接受 M、S、T 指令，进行译码并转化为对应的控制信号，控制辅助装置完成相应动作；同时，接受操作面板和机床侧的 I/O 信号，将其传递给 CNC 装置，经后者处理，输出指令从而实现对 CNC 系统的工作状态和机床动作实现控制。

⑨机床：由主运动部件、进给运动部件（工作台、拖板及相应的传动机构）、支承件（立柱、床身）以及特殊装置（刀具自动交换系统）和辅助装置（如排屑装置等）等组成，是数控机床的主体，是实现制造加工的执行部件。

（4）主要工作内容

①数控系统选型

数控系统是数控机床的核心，其主要功能是集中处理全部信息，并对其他要素和他们间的连接进行有机地统一控制。在数控化改造中，需要考虑改造成本以及旧机床本身具有的精度局限性，综合考虑进行数控系统的选型。

②机械部分、伺服部分的改造设计

首先对原机床机械部分进行检修，使其精度达到合格标准。考虑改造的经济性与技术性的统一，机床主轴将用一般的变频电动机作为主轴驱动电动机，横、纵向进给系统将采用步进电动机作为驱动电动机，并且采用滚珠丝杠螺母副进行进给系统的传动。将原机床的普通刀架更换为数控电动刀架，数控电动刀架可使数控车床在工件一次装夹中完成多种甚至所有的加工工序，以缩短加工的辅助时间，减少加工过程中由于多次安装工件而引起的误差，从而提高机床的加工效率和加工精度。

③电气系统改造

原普通机床的电气电路比较分散，电气元件使用时间也较长，老化现象严重，故障概率大，会影响机床操作的稳定性。改造后机床需要增加伺服电动机、普通车床驱动器及数控系统的电气连接。故需将原机床中的控制电路拆掉，采用以数控装置内置 PLC 为主的现代电气控制系统，可以省去大量的控制电器及线路连接。

2. 合适的数控系统的选择

在科技飞速发展的新世纪，数控机床有着传统机床不具备的优势，数控机床加工工件的质量好、工件表面粗糙度低、加工效率高，并且能够加工外形轮廓十分复杂的零件，适应多种加工对象。数控机床正日益成为现代制造业的主流加工设备。而数控系统一直被认为是数控机床的“大脑”，数控机床的运行都靠这个“大脑”来下达指令，数控系统在整个数控机床的运行中，起着举足轻重的作用。

依据改造机床的实际轴数、对机床加工中心性能的要求，综合考虑性价比的需要，满足系统开放性的要求，达到数控系统选择的最优化。同时，考虑目前中国国内市场的数控系统采用情况，方便解决以后的实际加工操作、维护等方面的问题，本课题选用日本的 FANUC-0iMD 系统。该系统满足车床加工中心的需要，符合本课题数控系统选择原则，且具有下列优点：

①为了便于数控系统的维修、更换以及控制板高度集成的实现，该系统中采用了大量的模块化结构。

②在机床高速切削过程中，由于刀具与工件的相互接触产生摩擦，会导致切削过程中产生大量的热量，这将会大大的提升工作环境的温度。环境温度适应性强是该系统的一个显著特征，其环境适应温度范围为 0 ~ 45° C，环境的相对湿度可达到 75%。

③为了用户使用安全,该系统采用自身设置的电路系统进行保护,以防止出现危险事故。

④该系统所配置的软件系统具有比较齐全完整的基本功能以及选项功能。方便用户使用。

⑤为了方便用户进行 PMC 控制程序的编制，并且提高编程的灵活性，该系统提供了 PMC 信号和 PMC 功能指令。

⑥为了提高工作效率，使机床快速、方便、可靠地进行工件加工，该系统提供了 DNC 功能，使得计算机可以通过串行 RS232C 传输接口与机床进行连接，进行数控加工程序以及一些参数的数据传输。

⑦该系统配备比较完整的维修手册中，将系统在使用过程中可能会出现的报警信息以不同的类别分类介绍，以方便用户在遇到报警显示时，能够快速准确地得到诊断结果，快速解决遇到的问题。

3. 主传动和进给系统改造设计

数控机床的工艺范围很广、工艺能力强，因此其主传动要求较大的调速范围和较高的最高转速，以便在各种切削条件下获得最佳切削速度，从而满足加工精度、生产率的要求。现代数控机床的主运动广泛采用无极变速传动，用交流调速电机或者直流调速电机驱动，他们能方便地实现无极变速，且传动链短、传动件少，提高了变速的可靠性，其制造精度则要求很高。数控机床的主轴组件具有较大的刚度和较高的精度，由于多数数控机床具有自动换刀功能，因而其主轴具有特殊的刀具安装和夹紧结构。根据数控机床的类型与大小，其主传动主要有以下三种形式。

（1）带有二级齿轮变速

轴电机经过二级齿轮变速，使主轴获得低速和高速两种转速系列，这是大中型数控机床采用较多的一种配置方式。这种分段无极变速，确保低速时的大扭矩，满足机床对扭矩特性的要求。滑移齿轮常用液压拨叉或电磁离合器来改变其位置。

（2）带有定比传动

主轴电机经定比传动传递给主轴，定比传动采用齿轮传动或带传动。带传动主要应用于小型数控机床上，可以避免齿轮传动的噪声和振动。

（3）由主轴电机直接驱动

电机轴与主轴用联轴器同轴联接。这种方式大大简化了主轴结构，有效地提高了主轴刚度。但主轴输出扭矩小，电机的发热对主轴精度影响大，近年来出现另外一种内装电机主轴，即主轴与电机转子合二为一。其优点是主轴部件结构更紧凑、重量轻、惯量小、可提高启动、停止的响应特性，缺点同样是热变形问题。

主轴的组件是数控机床的重要部件之一，它对机床的加工精度有很大的影响，主轴组件的性能对于机床整机的性能有极大的影响。数控机床主传动系统所应用的电动机主要为变频调速电动机，对于普通机床来说，若要对其进行数控化改造，首先就应该将原机床的主轴电机拆除，换成变频调速电动机，数控机床无级调速部分应用变频器来进行控制。原机床的主轴手动变速换成有电磁离合器控制的主轴变速机构，改造后使其主运动和进给运动分离，主轴电动机的作用只是带动主轴旋转。

针对 CDL6136 普通车床的数控化改造，考虑改造的经济性与技术性的统一，选用带有定比传动的单轴无极调速方式。用一般的变频电动机作为主轴驱动电动机。下面针对原机床传动系统结构，对原传动系统进行设计。

将原机床的三相异步电动机更换为变频电动机，更换变频电动机后，主轴最高转速由原来的 200r/min 提高至 300r0min；原机床主轴箱齿轮的主要作用是通过不同齿轮间的相互啮合来改变主轴转速，更换主轴变频电机后，主轴转速的调节可以直接由变频电机自身的功能来进行实现，故将原机床部分齿轮拆除；原机床挂轮主要作用是用于切削螺纹及自动走刀，而改造后机床主运动与进给运动是相对独立的机构，进给运动分别由横向及纵向进给电机驱动，故可拆除原机床的挂轮。拆除主轴箱部分齿轮及挂轮后，电动机与主轴将通过齿形带传动来实现对主轴的调速，进给运动将由各自进给电机驱动来实现。

4. 进给系统改造设计

数控机床的进给运动是以保证刀具与工件相对位置关系为目的，被加工工件的轮廓精度和位置精度都要受到进给运动的传动精度、灵敏度和稳定性的直接影响。不论是点位控制还是连续控制，其进给运动是数字控制系统的直接控制对象。进给运动的机械结构必须具备以下几个特点：

（1）运动件之间摩擦阻力

进给系统在整个数控机床中占据着重要位置。构成进给系统的各部分构件之间摩擦阻力的大小在很大程度上决定着进给系统的精度，而进给系统的精度又是整个数控机床加工精度的关键。所以，减少进给系统摩擦阻力成为控制机床精度的重要因素之一。而在进给系统中，导轨和丝杠的运动是摩擦阻力的主要来源，故提高导轨和丝杠的表面精度，降低其摩擦阻力是必须实现的。

（2）传动系统间隙

在数控机床进行运行过程中，各个工作轴的运动都具有正、负方向，即运动的双向性。在实际生产中，往往要求数控机床的传动系统沿着一个工作轴向反向移动或者向不同的工作轴的不同方向移动，而由于传动系统的各个部件之间的间隙，使得系统不能根据数控指令的下达做出准确的运动，将会造成一定的误差。因此，减少各传动部件之间的间隙成为机械设计中必不可少的部分。故在传动系统各个部件中，如滚珠丝杠螺母副、轴承、齿轮等部件必须采取相应的措施进行间隙的消除。

（3）传动系统的精度、刚度

传动系统的精度在很大程度上决定着工件的加工精度。主轴转速的变化使得传动系统所承受的驱动力矩非常大，传动系统各部件的弹性变形将使得系统不能按照数控系统下达的指令马上执行，从而导致误差出现。故提高传动系统的精度以及刚度成为机床设计中的首要任务。

（4）减少运动惯量，具有适当的阻尼

进给系统的各个部件在运动过程都将产生惯量，特别是在机床高速旋转的情况产生的惯量更加的大，这些惯量的产生都会对机床的启动和制动产生相应的影响。故在传动系统的设计中，应该合理的对各部件进行布设，利用合理的结构以降低运动惯量的产生，以提高系统的运动稳定性。

数控机床的进给传动链中，将旋转运动转换为直线运动的方法很多，滚珠丝杠螺母副是数控机床的丝杠螺母副最常采用的一种形式。针对 CDL6136 普通车床的数控化改造，考虑改造的经济性与技术性的统一，选用滚珠丝杠螺母副来进行功能的实现。

5. 刀架部分改造设计

数控刀架是数控车床最普遍的一种辅助装置。它可使数控车床在工件一次装夹中完成多种甚至所有的加工工序，以缩短加工的辅助时间，减少加工过程中由于多次安装工件而引起的误差，从而提高机床的加工效率和加工精度。

数控机床上的刀架是安放刀具的重要部件。许多刀架还直接参与切削工作，如卧式车床上的四方刀架，转塔车床的转塔刀架，回轮式转塔车床的回轮刀架，自动车床的转塔刀架和天平刀架等。这些刀架既安放刀具，而且还直接参与切削，承受极大的切削力作用，所以它往往成为工艺系统中的较薄弱环节。随着自动化技术的发展，机床的刀架也有了许多变化，特别是数控车床上采用电（液）换位的自动刀架，有的还使用两个回转刀盘。加工中心则进一步采用了刀库和换刀机械手，实现了大容量存储刀具和自动交换刀具的功能，这种刀库安放刀具的数量从几十把到上百把，自动交换刀具的时间从十几秒减少到几秒甚至零点几秒。因此，刀架的性能和结构往往直接影响到机床的切削性能、切削效率和体现了机床的设计和制造技术水平。

目前国内数控刀架以电动为主，分为立式和卧式两种。立式刀架有四、六工位两种形式，主要用于简易数控车床；卧式刀架有八、十、十二等工位，可正、反方向旋转，就近选刀用于全功能数控车床，另外卧式刀架还有液动刀架和伺服驱动刀架。

根据数控机床的型式、工艺范围以及刀具的种类和数量的不同，数控机床的换刀装置也有很多的形式，数控车床的刀架系统主要有回转刀架、更换主轴头刀架和带刀库的自动换刀装置等多种形式。

数控车床上回转刀架的使用是一种最简单也是最常用的一种自动换刀装置。根据不同的加工对象，可以设计成四方刀架和六角刀架等多种形式，分别能够安装四把、六把甚至更多的刀具，并按照数控装置的指令进行换刀。

对于数控回转刀架来说，其机械结构必须具有良好的强度和刚性，以承受粗加工时较大的切削抗力。由于机床车削加工精度在很大程度上取决于刀尖位置，而加工过程中，刀尖位置一般不进行人工调整，因此更有必要选择可靠的定位方案和合理的定位结构，以保证回转刀架在每次转动后具有尽可能高的重复定位精度（一般为 0.001 ~ 0.005mm）。

鉴于普通机床经济型数控化改造的需要，将原机床的普通刀架拆除，安装数控四方回转刀架，以实现刀具在加工过程中能够进行自动换刀的功能。换刀方式需要有手控和机控两种方式。机控方式是指在零件加工的过程中需要换刀时，可以预先在程序中编写相关的运行指令，由数控系统在适当的时间发出命令来实现刀具的转换，控制器接到换刀指令时，立即驱动数控刀架回转以实现换刀功能。手控方式是指按动操作面板上响应的按钮进行换刀，刀架可以旋转一个刀位（90），也可连续按动按钮，直至任一刀位。根据实际情况选择亚星数控设备有限公司生产的 LDB4-70 型数控刀架来实现换刀功能。该型号数控刀架的特点是换刀不需抬刀，无触点发讯，采用国际先进的三端齿精准定位，螺纹升降夹紧，密封性能良好。非常适用于 CDL6136 普通车床的数控化改造上。

数控电动刀架的电气控制分强电和弱点两部分。强电部分是由三相电源驱动三相交流异步电动机正反向旋转，从而实现刀架的松开、转位、夹紧等动作，弱电部分由位置传感器组成。换刀时数控系统将相应的刀位线接地，然后等待回答信号，刀架的松开、转位、夹紧动作全部由控制箱完成。

（三）基于 PLC 的数控系统电气控制

1. FANUC 系统的 PLC 特点

PLC，即可编程逻辑控制器（Program able Logic Controller，PLC），它采用一类可编程的存储器，用于其内部存储程序，执行逻辑运算、顺序控制、定时、计数与算术操作等面向用户的指令，并通过数字或模拟式输入、输出控制各种类型的机械或生产过程。随着 PLC 的日益发展和功能的不断强大，PLC 以其绝对的优势应用于各种制造业与现代工业中。

本课题所研究的普通车床数控化改造，采用了日本FANUC公司的FANUC-0iMD系统。该系统自带PLC，从经济实惠的角度出发，没有更换该PLC设备，直接选用该系统自带PLC，该PLC使用技术人员普遍熟悉的梯形图、逻辑图或语句表进行编程，故对技术人员的专业要求水平要求不高，不需要掌握相关计算机知识就可以进行PLC的开发、调试以及使用。该系统自带PLC响应时间快、控制精度高、可靠性好、控制程序可随应用场合的不同而改变，与计算机的接口及维修方便。另外，因为PLC使用软件来实现控制，可以进行在线修改，所以又很大的灵活性，具有广泛的工业通用性。

2. PLC 电气控制设计

普通机床的电气控制绝大多数为继电器控制，因此设备相对独立性差，接线复杂且控制不及时，长期使用会大大降低设备的可靠性，造成控制故障和机械故障。在数控机床使用过程中，需要对很多部位进行控制，例如主轴正转、反转以及主轴的停转，工件的自动夹紧及松开，气液压控制，冷却和润滑等辅助动作进行顺序控制。这么多功能的实现如果利用继电器很难进行控制，因此数控机床中这些功能的实现大多数都是利用PLC来完成的。

数控改造后的CDL6136车床整个控制系统以PLC为核心，通过检测开关量的输入信号来对执行机构进行起、停和正反转的控制。系统包括三个步进电机、一个数控机床主轴伺服电机和一个三相交流电机。三个步进电机分别为：X向电机、Z向电机和换刀电机。步进电机由PLC的内嵌控制模块进行控制。控制器形成的控制信号通过步进电机驱动器进行放大，最终作用于步进电机，使步进电机按照预定的程序逻辑进行动作。数控机床主轴伺服电机也采用和X向电机相同的控制模式，可以实现主轴的精确旋转运动，达到C轴控制的目的。系统中的冷却电机直接由PLC进行间接控制，即先通过开关信号来控制电磁继电器的闭合，在通过电磁继电器线圈对冷却电机主回路的三相交流接触器进行控制。

整个电路需要三种电源，即380V的动力电源、220V的市电源和24V的直流电源。所以本电控系统采用三相四线制外加地线进行供电，24V直流电源通过220V转24V的交-直流变换器实现。

冷却电机的控制逻辑：

相比于步进电机，冷却电机的控制较为简单。整个系统启动后，PLC控制电磁继电器线圈闭合，进而控制三相交流接触器的常开触点闭合，整个冷却电机的启动完成。

3. 关键部件有限元分析和仿真研究

对CDL6136普通车床的经济型数控化改造设计中，某些部件的机构都比较复杂，如机床主轴、进给系统等机构。对于这些机构来说，仅从力学角度对其进行变形、强度、刚度设计、校核远不能满足要求。本章针对此问题利用ANSYS对机床主轴和进给系统中的滚珠丝杠副进行有限元分析，并且利用ADAMS软件对机床进给系统进行静力学、运动学和动力学分析，输出位移、速度、加速度和反作用力曲线。通过对关键部件进行有限元分析和仿真研究，来预测机械系统的性能、运动范围、碰撞检测、峰值载荷以及计算有限元的输入载荷等，使得设计方案更加合理、效率更高。

4. 有限元分析

（1）有限元分析特点及步骤

有限元分析是利用数学近似的方法对真实物理系统（几何和载荷工况）进行模拟。利用简单而又相互作用的元素，即单元，就可以用有限数量的未知量去逼近无限未知量的真实系统。由于有限元能够将各种复杂问题进行高精度求解，故有限元分析现已成为一种处理复杂问题的重要手段。

有限元分析法的形成可以回顾到二十世纪五十年代，它的形成直接得益于土木结构分析中的矩阵位移法和在飞机结构分析中所获得的成果。例如，将矩阵位移法推广到求解平面应力问题，圆的周长可以由N边形无限近似逼近整圆来进行求解。随着很多国内外学者的不断努力，有限元法的应用领域日渐广泛，其强大的实用功能得到了国内外相关专业人士的认可，现已经成为应用最为广泛的数值分析方法。有限元分析常用软件有很多，国外软件大型通用有限元商业软件主要有NASTRAN、ASKA、SAP、ANSYS、MARC、ABAQUS、JIFEX等。国内软件有FEPG、JFEX、KMAS等。

有限元方法与其他求解边值问题近似方法的根本区别在于它的近似性仅限于相对小的子域中。20世纪50年代在航空工程杂志上发表了一组能量原理和结构分析论文，纽约举行的航空学会年会上介绍了一种新的计算方法，将矩阵位移法推广到求解平面应力问题。有限元法这个概念就渐渐地被人们所了解。直到20世纪60年代，RW.Clough在他的论文中首次提出了有限元（Finite Element）这一术语，有限元法在诸如三角形、四边形等简单的几何形状上定义函数，并且将复杂的边界条件不设定在考虑范围内。

有限单元分析归纳为以下六个个基本步骤：

①网格划分，离散化；

②用近似的连续函数描述每个单元的解；

③建立单元刚度方程；

④组装单元，构造总刚度矩阵；

⑤应用边界条件和初始条件，并施加荷载；

⑥求解线形或非线性微分方程得到节点的值（如位移）。

（2）机床主轴有限元分析

对于改造后的机床主轴来说，在机床高速旋转时，机床主轴将会受到一定的离心力作用。在加工工件时，机床主轴还将会受到径向力作用，所以机床主轴的结构设计是否合理在很大程度上影响着整个机床的加工精度，由于其机构比较复杂，因此仅仅利用材料力学有关知识对其进行变形、刚度等设计以及校核还远不能满足其设计要求。对于这类关键部件还需要利用ANSYS软件进行有限元分析，下面对机床主轴进行结构静力学的有限元分析。

①建立有限元模型

建立机床主轴的有限元模型，主要包括定义单元类型、定义材料属性、建立几何模型、划分有限元模型。

在进行有限元分析时，首先应根据分析问题的几何结构，分析类型和所分析的问题的精度要求等，选定适合分析的有限元单元。因为机床主轴结构在进行分析时可简化为轴对称结构，故选用四节点四边形板单元 PLANE42。PLANE42 可以通过控制单元行为方式的选项设置为轴对称单元。

经改造后的数控机床主轴材料选取 45 号钢，其弹性模量为 1.96e5 MPa，泊松比为 0.24，材料密度为 7.85e-9t/mm^3。机床主轴最高转速为 300 0r/min，主轴离心力等效为 9000N。

②定义边界条件

对机床主轴模型为轴对称模型，故其集中载荷的处理方式与其他分析类型有所不同。在模型上所定义的载荷数值应在 360 度的范围内进行，即需根据沿周边的总载荷输入载荷值。其结果输出也与对应的输入载荷进行输出。主轴主要是承受由于机床高速旋转对其产生的离心力等效为 9000N。

③有限元分析

将施加载荷和约束的机床主轴有限元模型用 ANSYS 进行计算求解，经后处理得到应力和位移图。

根据应力和位移图所示，可以得出径向最大应力 SMX=2 807MPa，最大变形量 DMX=0.75e-3mm，轴向最大应力 SMX=4 401MPa，最大变形量 DMX=0.75e-31mm。径向、轴向应力均小于材料的屈服极限 345Mpa，而且变形量都非常小。因此，机床主轴的设计在刚度上满足设计要求。

（3）滚珠丝杠螺母副有限元分析

滚珠丝杠螺母副作为精密设备用元件，是目前传动机械中精度最高也是最常用的传动装置。滚珠丝杠副的作用是将回转运动转化为直线运动或将直线运动转化为回转运动。

滚珠丝杠螺母副在运行过程中丝杠常出现失效情况式过大的弯曲变形，表面产生裂纹等。造成这种失效的原因主要是丝杠应力过大、材料缺陷、加工和安装误差等，其中起主导作用是丝杠内部应力过大。因此，准确的分析和计算丝杠内部的应力值及其分布情况对于提高丝杠承载能力有重要意义。

①建立有限元模型

建立丝杠螺母副的有限元模型，主要包括定义单元类型、定义材料属性、建立几何模型、划分有限元模型。

在进行有限元分析时，首先应根据分析问题的几何结构，分析类型和所分析的问题的精度要求等，选定适合分析的有限元单元。此次分析选择 SOLID 92 单元，此单元是一种三维 10 节点等参单元，有较高的计算精度，而且非常适合曲线边界的拟合，能够满足丝杠螺母副有限元分析的精度要求。

丝杠材料选取 45 号钢，其弹性模量为 1.96e5MPa，泊松比为 0.24，材料密度为 7.85e—9t/mm^3。

②定义边界条件

在滚珠丝杠螺母副中，每个滚珠对丝杠的作用力都可分解为沿丝杠轴向力和径向力，丝杠所受载荷是多个滚珠的合力。在滚珠丝杠螺母副中，丝杠所受的载荷是由螺母通过滚珠传递的，而螺母主要承受轴向力，故丝杠的载荷主要为滚珠施加的轴向力。丝杠的支承方式有很多种，本课题选用两端固定的丝杠支承方式。故两端 3 个方向的平移自由度全部被约束，所以在轴承内圈接触的面上的所有节点都需加上相应的约束，分析类型选择静态分析。

③有限元分析

将施加载荷和约束的丝杠螺母副有限元模型用 ANSYS 进行计算求解，经后处理得到应力和位移云图。

通过结果可知，当滚珠运动到丝杠中间位置时，丝杠的弯曲变形最小，且丝杠各部分所受应力为最小。当螺母运行到丝杠两端时，丝杠各部分的应力和弯曲变形都将增大，最大应力为 SMX=23.557MPa，小于材料的屈服极限 355MPa。最大变形量 DMX=0 324248mm。变形量非常小。因此，机床滚珠丝杠副的设计在刚度上满足设计要求。

5. 进给系统仿真研究

ADAMS 软件是美国 MDI 公司自主研发的一款软件，主要用于对虚拟样机进行分析。该软件主要是利用拉格朗日方程建立系统动力学方程，从而对虚拟的机械系统进行静力学、运动学以及动力学的分析，输出位移、速度、加速度以及反作用力曲线。通过输出的曲线图来进行系统的分析，以确定机械系统设计的合理性以及虚拟样机功能是否能够实现。

本课题所研究的数控化改造机床的进给系统主要由步进电机、滚珠丝杠副、导轨、托板等部件构成。

当数控系统给出命令步进电机进行转动的信号时，步进电机将按照数控系统所给定的速度进行相应的旋转。此时，通过滚珠丝杠副等部件将电机的转动转化为直线移动，带动托板在机床导轨上进行相应的移动控制，以达到车削加工的目的。在车削过程中，托板的移动必须为匀速移动，以保证工件加工的尺寸精度及表面粗糙度的要求；另外托板匀速移动是保证刀具使用寿命的先决条件，故进给系统设计是否合理是保证机床加工精度的重要条件。下面对进给系统中的滚珠丝杠副、导轨、托板的运动过程进行运动仿真分析。

（1）建立几何模型

利用 ADAMS View 进行实体建模。

（2）建立约束、施加载荷

在数控机床进给系统的模型中，首先编辑各相应构件的属性及其元素属性。根据进给系统各部件的实际运行情况创建各部件之间的运动副。将进给系统中导轨与大地之间定义为固定副；将滚珠丝杠副定义为旋转副，并为其添加驱动，其转速为 10r/min；将托板定义为移动副，并且始终平行于导轨进行运动，滚珠丝杠副每旋转一转托板进给量为 6mm。

（3）仿真曲线与结果分析

对建立运动副的进给系统模型进行仿真计算，得出进给系统运动的位移、速度、加速度曲线图。

由已知条件可知，托板 1mn 的工作行程为 60mm。通过分析时间位移曲线可知，当运行时间为 60s 时，托板位移为 5996mm，与其理论值相比误差为 0.067%。误差很小，几乎可以忽略。

由托板时间速度、加速度曲线可知，托板的速度为 10mm/s。加速度虽然在开始时波动比较大，然后慢慢平稳，但是其波动都在 0 ~ 7.5×10^{7} 之间，对进给系统的平稳运动影响较小，可视为匀速运动。因此，进给系统的传动过程从运动学方面来看，满足设计要求。

对于数控机床上机床主轴、滚珠丝杠副等机构，由于其机构比较复杂，仅用材料力学对其进行变形、刚度设计校核远不能满足要求。对于关键部件使用 ANSYS 进行有限元计算，通过对其系统仿真得到的力、力矩、位移、速度等参数作为约束和边界条件，得出机构的应力、应变云图。基于 ADAMS 软件对数控机床进给系统进行仿真研究，根据数控机床进给系统中导轨系统组成及特点，推导出导轨系统动力学模型，并利用 ADAMS 仿真软件对其进行仿真，仿真结果与实际吻合。

（四）改造后车床精度恢复改进

数控机床与普通机床相比，它的特点首先就是数控机床的加工精度高，并且具有稳定的加工质量。在将普通车床进行经济型数控化改造之后要考虑到精度是否达到要求，这样，才能获得预期的改造目的。但是也不能一味地追求高精度，这样不但使机床的系统过于复杂化，而且提高了机床的改造成本。本章针对改造后车床精度恢复改进进行分析研究。

1. 改造后车床精度恢复改进

机床在数控化改造过程中，需要对机床的加工精度进行一定的改良提高，以达到运动副之间的摩擦系数小、传动无间隙、便于操作和维修等功能。除此之外，还应该对机床上的重要部件进行相应的改良使其达到一定的加工使用要求，以获得更加良好的改造效果。

针对本课题数控化改造的机床型号，对机床以下部件进行精度的恢复。

（1）机床加工精度的改良

数控机床中 X 轴、Z 轴的定位精度以及重复定位精度、刀架转位的重复定位精度，都将直接影响机床加工工件的尺寸精度。GB/T 16462-1996 数控卧式车床精度标准规定：

X 轴：定位精度 A=0.016mm 重复定位精度 R=0.007m 标准偏差 Sj=0.00117mm

Z 轴：定位精度 A=0.02mm 重复定位精度 R=0.008mm 标准偏差 Sj=0 001 3mm

回转刀架转位重复定位允差：0.01mm

根据 GB/T 16462-1996 标准，对于回转刀架的检测误差以回转刀架至少回转三周的最大和最小读数之差值计。对于 X、Z 轴的检测规定，工作行程小于等于 1500 时，选取不少于 10 个目标位置进行检测。

经过初步计算，X 轴、Z 轴的重复定位精度已满足条件，但是机床导轨、滚珠丝杠、机床主轴等影响机床精度的因素还没有进行考虑，故有必要对改造后机床的精度进行调整提高。

（2）影响机床精度的因素及其调整

①机床导轨

机床导轨的功用是起导向及支承作用，即保证运动部件在外力的作用下能够准确地沿着一定的方向运动。导向精度是指运动导轨支承导轨运动时，直线性及圆周运动导轨的真圆性。导轨在机床空载或者切削条件下运动时，都应具有足够的导向精度。它是机床几何精度的基础，它的精度直接影响到机床加工工件的精度等级，故首先应该对机床的导轨精度进行修复。

在实际工作中，床身导轨磨损后主要有三种方法对其进行修复。

刮削：用刮刀刮除工件表面薄层的加工方法称为刮削。刮削加工工具有精度高、刮削最大精度可达 Ra0.8、耐磨性好、表面美观贮油等优点，但劳动强度大。

磨削：是指利用高速旋转的砂轮等磨具加工工件表面的切削加工。磨削加工比较容易获得较小的表面粗糙度、较高的尺寸精度和行位精度，表面粗糙度一般磨削为 Ra1.25 ~ 0.16 微米，精密磨削为 Ra0.16 ~ 0.04 微米，超精密磨削为 Ra0.04 ~ 0.01 微米，镜面磨削可达 Ra0.01 微米以下。生产效率比手动高 5 ~ 15 倍，与其他加工方法相比较，可大大地减轻大量繁重的体力劳动，缩短修理周期，最适用淬硬导轨的修理。

刨削：刨刀与工件作水平方向相对直线往复运动的切削加工方法所示。主要用来加工平面（包括水平向、垂直面和斜面）。刨削加工生产率较高、质量较好，生产率比手刨高 5 ~ 7 倍，刀痕方向与导轨运动方向一致，耐磨性好，但表面粗糙度值都大于标准。

针对 CDL6136 普通车床的导轨为铸铁制造，导轨的粗糙度值为 Ra0.8。如果导轨有损坏，用刨削的方法根本达不到修复导轨的要求。用刮削的方法只能在改造前的机床导轨有磨损的时候进行修复，而且如果导轨损坏面积过大时候，不宜用刮削，因为劳动强度过大且耗时太长、效率太低。

我们改造后的机床导轨表面粗糙度应在 Ra0.1 ~ Ra0.2 之间，才能满足导向的灵活性，与改造后的各个环节相匹配，从而能保证机床加工时的精度。所以经过综合考虑，改造时对机床的导轨利用磨削的方法对其进行精加工，与此同时，要保证润滑的可靠性。这样才能尽可能地减小摩擦以及对位置控制精度的影响。

在对导轨进行磨削修复时，首先要选择修理的基准面，因为导轨与进给箱、托架等机构的安装面没有磨损，保持了原有的精度，故选择该面为基准面。然后分别对与溜板配合的导轨、与尾座配合的导轨以及下导轨表面进行磨削处理。

磨削处理后，利用水平仪对其表面精度进行检查直至达到要求为止，磨削后的机床导轨，恢复了导轨面的几何精度，恢复导轨面对床头进给箱、齿条、托架等部件安装面的平行度精度，消除了机床加工件的尺寸误差、形位误差与相互位置误差，满足了加工件的工艺要求。

②滚珠丝杠副

滚珠丝杠是工具机械和精密机械上最常使用的传动元件。其主要功能是将旋转运动转换成线性运动或将扭矩转换成轴向反复作用力，同时兼具高精度、可逆性和高效率的特点。滚珠丝杠副作为精密设备用元件，越来越广泛地应用于机械制造领域。现代数控机床上的传动元件基本上都使用的滚珠丝杠，在进行机床改造时，需要将原机床丝杠螺母副更换为滚珠丝杠副，且要在滚珠丝杠副上安装位置测量编码器，使机床形成一个半闭环系统。此编码器可以时刻检验着丝杠的转动位移量，迅速反馈给数控系统，由数控系统比较器来运算实际加工的位移量与理论设定的位移量的差值，然后数控系统再发出一个驱动丝杠的信号来消除这个差值，这样可以大大提高改造后机床的加工精度。原有机床的最大精度为0.02mm 改造后的精度可以达到 0.02mm，精度提高 10 倍。

③位置测量编码器

为了保证改造后机床的精度，需在滚珠丝杠副上安装位置测量编码器。编码器是将信号或数据进行编制、转换为可用以通讯、传输和存储的信号形式的设备。编码器把角位移或直线位移转换成电信号，前者称为码盘，后者称为码尺。

编码器按照其编码方式，可分为增量式和绝对式两种。增量式编码器是光电式编码器，在一个圆盘周围分成相等的透明与不透明部分，其数量从几百条到上千条不等，当圆盘与工作轴一起转动时，关电元件接收时断时续的光，产生近似正弦的信号，放大整形后成脉冲信号送到计数器。根据脉冲数目和频率可测出工作轴的转角和转速，其优点是没有接触磨损、允许转速高、精度及可靠性较高，缺点是结构复杂、价格高、安装困难。

绝对值式编码器是一种直接编码式的测量元件。它可以直接把被测转角或位移转换成相应的代码，指示的是绝对位置而无绝对误差，在电源切断后，不会失去位置信息，但其结构复杂、价格较贵，且不易做到高精度和高分辨率。

根据实际设计情况，选择 HISOS 型数控机床通用编码器来实现对提高改造后机床精度的功能。

（2）机床主轴机床

主轴指的是机床上带动工件或者刀具进行旋转的轴。通常由主轴、轴承和传动件（齿轮或带轮）等部分组成主轴部件。当机床工作时，由主轴夹持着工件或者刀具直接参加表面成形运动，主轴部件的运动精度和结构刚度是决定加工质量和切削效率的重要因素。因此，在进行机床的数控化改造时，必须要对主轴的精度进行修复。将机床主轴拆卸并进行全面检查，更换主轴轴承并对轴承的间隙和预紧进行重新调整。

机床改造后，在保证机床加工精度的同时还要尽可能大的延长改造后机床的使用寿命。车床在进行机械加工时，主轴需要高速旋转，那么在旋转过程中，主轴轴承将会承受一定量的载荷。安装主轴轴承时，一定要保证主轴轴线的同心度，第一可以保证加工精度，第二可以减小主轴旋转时对主轴轴承的径向冲击，从而增加了主轴轴承的使用寿命。

另外，车床在工作过程中，机床中产生的热因素一定要考虑，因为机床发热不仅对机床本身的使用寿命有影响，还对机床的加工精度也有影响。机床工作时的热源主要就是高速旋转的主轴轴承产生的摩擦热，所以要时刻控制轴承的温度升高。控制轴承升温的办法可以在主轴箱里安装冷却风扇，降低主轴温度。改造过程中，在安装风扇的前、后做了一个测试主轴轴承温度对比试验。主轴转速都设定为 n=650r/min，要注意安装风扇前、后轴承的温度对照。

（3）传动环节主轴

电机与主轴传动采用同步齿形带，齿形带的周节基本不变，带与带轮间无相对滑动，传动比恒定、准确，可以保证传动精度。主轴旋转转化到工件的转动中间的传动环节在主轴箱里进行。为了保证传动精度，数控机床上使用的齿轮精度等级都比普通机床高，所以在改造时要更换一些原有的、有磨损的和精度较差的齿轮，使得机床在结构上要能达到无间隙传动，以保证机床的加工精度。因此在改造主传动系统时，机床主要齿轮必须满足数控机床的使用和精度要求。

另外，电机的使用对于机床精度的实现也起着至关重要的作用。基于计算选型，本次机床数控化改造主轴传动选用变频电机，变频电机作为执行元件，没有累积误差，被广泛应用于各行各业无级变速传动。

对于机床的数控化改造，最终目的是能够大幅度的提高机床的性能。而机床精度是高端机床的显著特点之一，所以机床的精度至关重要。在改造机床过程中，为了提高机床性能，有时需要使用高性能和高可靠的新型功能部件，对于影响机床精度重要部件需要进行更换。但是这些新型功能部件往往价格比较昂贵，在改造机床过程中，要根据实际情况进行选型，以免无限制的提高成本，达不到改造效果。

第二节 钻床的电气控制

钻床是一种孔加工机床，可用来进行钻孔、扩孔、铰孔、攻螺纹及修刮端面等多种形式的加工，因此要求钻床的主轴运动和进给运动有较宽的调速范围。

钻床的结构形式很多，有立式钻床、台式钻床、摇臂钻床及多轴钻床等。在各种专用钻床中，摇臂钻床操作方便、灵活，适用范围广，具有典型性，适合在大、中型零件上钻孔、扩孔、铰孔及攻螺纹等工作。摇臂钻床是一种立式钻床，它适用于单件或批量生产中带有多孔大型零件的孔加工，是一般机械加工车间及维修车间最常用的机床。下面以 Z3040 型摇臂钻床为例对其电气控制进行分析。

一、摇臂钻床的结构及工作要求

Z3040 型摇臂钻床主要由底座、内立柱、外立柱、摇臂、主轴箱、工作台等组成。

内立柱固定在底座上，在它外面空套着外立柱，外立柱可绕着不动的内立柱回转 360° 。摇臂一端的套筒部分与外立柱滑动配合，借助于升降丝杆，摇臂可沿外立柱上下移动。因为升降螺母固定在摇臂上，所以摇臂只能与外立柱一起绕内立柱回转。主轴箱是一个复合部件，它由主电动机、主轴和主轴传动机构、进给和进给变速机构以及机床的操作机构等部分组成。主轴箱安装在摇臂水平导轨上，它可以借助手轮操作使其在水平导轨上沿摇臂做径向运动。当进行加工时，由特殊的夹紧装置将主轴箱紧固在摇臂导轨上，外立柱紧固在内立柱上，摇臂紧固在外立柱上，然后进行钻削加工。钻削加工时，钻头一面旋转进行切削，一面进行纵向进给。

由此可知，摇臂钻床的主运动为主轴带着钻头的旋转运动；进给运动为主轴的纵向进给；辅助运动有摇臂连同外立柱围绕着内立柱的回转运动。摇臂在外立柱上的上升、下降运动，主轴箱在摇臂上的左右运动。

二、对电力拖动与控制的要求

由于摇臂钻床的运动部件较多，为简化传动装置，因而常采用多电动机拖动，通常装设有主电动机、摇臂升降电动机、夹紧与放松电动机及冷却泵电动机。

主轴变速机构和进给变速机构都装在主轴箱里，所以主运动与进给运动由一台异步电动机拖动。

摇臂钻床加工螺纹时，主轴需要正、反转，摇臂钻床主轴的正、反转一般用机械方法变换，主轴电动机只做单方向旋转。

为适应各种形式的加工，钻床的主运动与进给运动要有较大的调速范围。以 Z3040 型摇臂钻床为例，其主轴的最低转速为 40r/min，最高转速为 2000r/min，调速范围高达 50 ∶ 1。因此，其控制电路的特点主要有以下几个方面：

1. 控制电路装设有总起动按钮和总停止按钮，便于操作和紧急停车。

2. 采用 4 台电动机拖动，分别是主电动机、摇臂升降电动机、液压泵电动机及冷却泵电动机。液压泵电动机拖动液压泵提供液压油，经液压传动系统实现立柱与主轴箱的放松与夹紧以及摇臂的放松与夹紧，并与电气系统配合实现摇臂升降与夹紧、放松的自动控制。由于 4 台电动机容量较小，故均采用直接起动控制。

3. 摇臂的移动严格按照摇臂松开→移动→摇臂夹紧的程序进行。为此，要求起夹紧与放松作用的液压泵电动机与摇臂升降电动机按一定的顺序起动工作，由摇臂松开行程开关与夹紧行程开关发出控制信号进行控制。

4. 机床具有信号指示装置，对机床的每一主要动作进行显示，这样便于操作和维修。

5. 对摇臂的夹紧、放松与摇臂升降进行自动控制，而立柱和主轴箱的夹紧与放松可以单独操作，也可以同时进行。

三、摇臂钻床电气控制系统分析

Z3040 型摇臂钻床的动作是通过机、电、液压进行联合控制来实现的。图 7-2 为 Z3040 型摇臂钻床的电气原理图。在图中，M_1 为主轴电动机，M_2 为摇臂升降电动机，M_3 为液压泵电动机，M_4 为冷却泵电动机。SQ_2 和 SQ_3 为摇臂松开和夹紧行程开关，SQ_1 是摇臂升降限位保护，SQ_4 是立柱和主轴箱松紧指示。

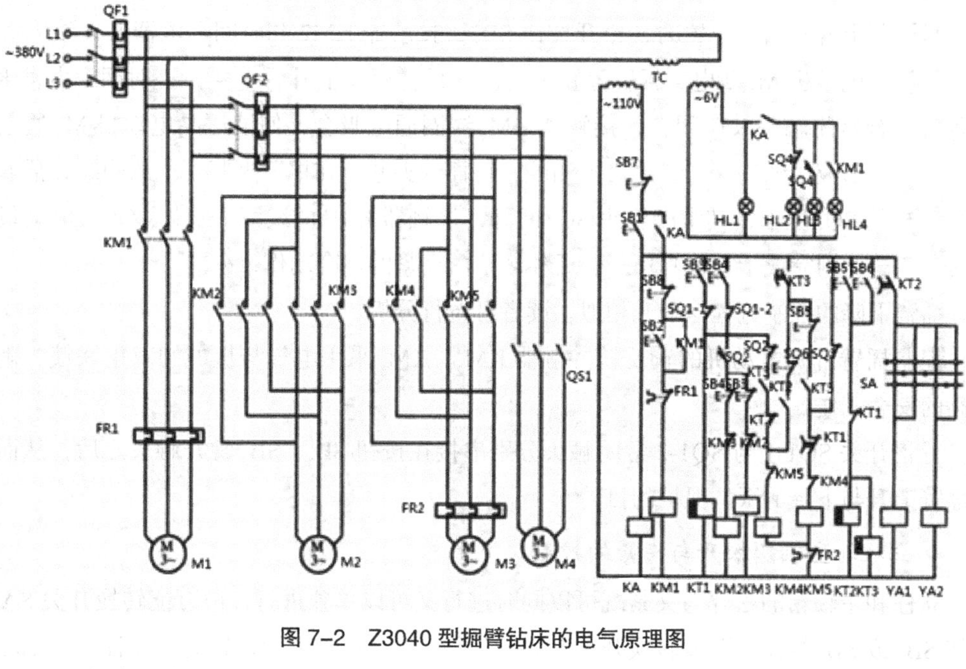

图 7–2　Z3040 型掘臂钻床的电气原理图

1. **开车前的准备**

首先合上断路器 QF_1，接通三相交流电源，此时总电源指示灯 HL_1 亮，表示机床电气电路已进入带电状态。然后合上断路器 QF_2，按下总起动按钮 SB_1，中间继电器 KA 线圈通电吸合并自锁，为主电动机及其他电动机起动做准备，同时触头 KA（在指示回路中）闭合，为其他三个指示灯通电做准备。

2. **主轴电动机的控制**

主轴电动机 M_1 由起动按钮 SB_2、停止按钮 SB8 和接触器 KM_1 构成的电动机单方向旋转控制电路控制。当按下起动按钮 SB_2 时，KM_1 线圈通电吸合，M_1 起动旋转，主轴电动

机起动指示灯 HL_4 亮；当按下停止按钮 SB_8 时，KM_1 线圈失电恢复，M_1 停止转动，指示灯 HL_4 灭。

3. 摇臂升降控制

前面讲过摇臂的升降必须与夹紧机构的液压系统相配合。摇臂的移动过程是必须先松开摇臂再移动，到位后摇臂自动夹紧。因此，摇臂的移动过程是对液压泵电动机 M_3 和摇臂升降电动机 M_2 按一定顺序进行自动控制的过程。下面以摇臂上升为例进行说明。

按下摇臂上升按钮 SB_3（不松开），时间继电器 KT_1 线圈通电吸合（断电延时型）。KT1 的瞬时常开触头闭合，使接触器 KM_4 得电吸合，其主触头闭合，使液压泵电动机 M3 接通电源正向旋转，送出液压油，推动活塞移动，将摇臂松开。当摇臂全松开后，活塞杆压动行程开关 SQ_2，使其常闭触头 SQ_2 断开，使 KM_4 线圈断电释放，液压泵电动机 M5 停止转动；同时，另一常闭触头 SQ_2 闭合，使 KM_2 线圈通电吸合，电动机 M_2 起动正向旋转，带动摇臂上升移动。

当摇臂上升到所需位置时，松开按钮 SB3，接触器 KM2 和时间继电器 KT_1 线圈同时断电释放，电动机 M_2 断电，摇臂停止上升。在摇臂停止上升后 1 ~ 3s，时间继电器 KT_1 的延时闭合常闭触头 KT_1 闭合，接触器 KM_5 线圈通电吸合，使液压泵电动机 M_3 通电反向旋转，送出液压油进入摇臂的夹紧油腔，将摇臂夹紧。在摇臂夹紧到位的同时，活塞杆使行程开关 SQ_3 压下，其常闭触头 SQ_3 断开，接触器 KM_5 的线圈失电，液压泵电动机停止转动。至此则完成了摇臂先松开、后移动、再夹紧的整套动作过程。

摇臂下降的控制过程与上升相似，读者可自行分析。

控制摇臂升降电动机的正反转接触器 KM_2、KM_3 采用电气与机械的双重联锁，确保电路的安全工作。

行程开关 SQ1-1 与 SQ1-2 常闭触头分别串接在按钮 SB_3、SB_4 常开触头之后，从而达到摇臂上升与下降的限位保护的目的。

4. 立柱与主轴箱松开与夹紧的控制

立柱和主轴箱的松开与夹紧既可以同时进行又可以单独进行，由万能转换开关 SA 与按钮 SB_5 或 SB_6 控制。万能转换开关 SA 有三个位置：扳到中间位置时，立柱和主轴箱的松开与夹紧同时进行；扳到左边位置时，立柱单独夹紧与放松；扳到右边位置时，主轴箱单独夹紧与放松。SB_5 为松开按钮，SB_6 为夹紧按钮。

当万能转换开关 SA 扳到中间位置时，若使立柱与主轴箱同时松开，则按下 SB_5，时间继电器 KT_2、KT_3；线圈同时通电并吸合。触头 KT_2 在通电瞬间闭合（断电延时型），主轴箱松紧电磁铁 YA_1 和立柱松紧电磁铁 YA_2 同时通电吸合，为主轴箱与立柱同时松开做准备。而另一时间继电器 KT_3 的延时闭合常开触头经 1 ~ 3s 后，延时闭合（通电延时型），使接触器 KM_4，线圈通电吸合，液压泵电动机 Ms 通电正向旋转，液压油经分配阀进入立柱和主轴箱的松开液压缸，推动活塞使立柱和主轴箱松开。同时活塞杆使行程开关 SQ_4 复位，其常闭触头闭合、常开触头断开，指示灯 HL_2 亮、HL_3 灭。

当立柱与主轴箱松开后，可手动使立柱回转或主轴箱做径向移动。当调整到位后，可按下夹紧按钮 SB_6，主轴箱与立柱夹紧，电路工作情况与松开时相似，读者可自行分析。另外两种情况，只要将万能转换开关 SA 扳到相应位置，再控制 SB_5 与 SB_6 即可实现。因为上述的放松与夹紧控制均系短时的调整工作，所以都采用点动控制。

第三节　磨床的电气控制

磨床是用砂轮对工件的表面进行磨削加工的一种精密机床。磨床的种类很多，有平面磨床、外圆磨床、内圆磨床、螺纹磨床等。其中平面磨床应用最为普遍。平面磨床是磨削平面的机床。

一、磨床的主要结构及运动形式

1.M7130 卧轴矩台平面磨床的主要结构

在床身中装有液压传动装置，工作台通过活塞杆由液压驱动做往复运动，床身导轨由自动润滑装置进行润滑。工作台表面有 T 型槽，用以固定电磁吸盘，再用电磁吸盘来吸持加工工件。工作台往复运动的行程长度可通过调节装在工作台正面槽中的换向撞块的位置来改变。换向撞块是通过碰撞工作台往复运动换向手柄来改变油路方向的，以实现工作台往复运动。

在床身上固定有立柱，沿立柱的导轨上装有滑座，砂轮箱能沿滑座的水平导轨做横向移动。砂轮轴由装入式砂轮电动机直接拖动。在滑座内部也装有液压传动机构。

滑座可在立柱导轨上做上下垂直移动，并可由垂直进刀手轮操作。砂轮箱的水平轴向移动可由横向移动手轮操作，也可由液压传动做连续或间断横向移动。连续移动用于调节砂轮位置或整修砂轮，间断移动用于进给。

2. 卧轴矩台平面磨床的运动形式

卧轴矩台平面磨床的主运动是砂轮的旋转运动，进给运动有垂直进给（即滑座在立柱上的上下运动）、横向进给（即砂轮箱在滑座上的水平运动）和纵向进给（即工作台沿床身的往复运动）。工作台每完成一次往复运动时，砂轮箱便做一次间断性的横向进给，当加工完整个平面后，砂轮箱做一次间断性垂直进给。

二、磨床电气线路分析

图 7-3 为 M7130 型平面磨床电气控制电路图。其电气设备安装在床身后部的壁龛盒内，控制按钮安装在床身前部的电气操纵盒上。

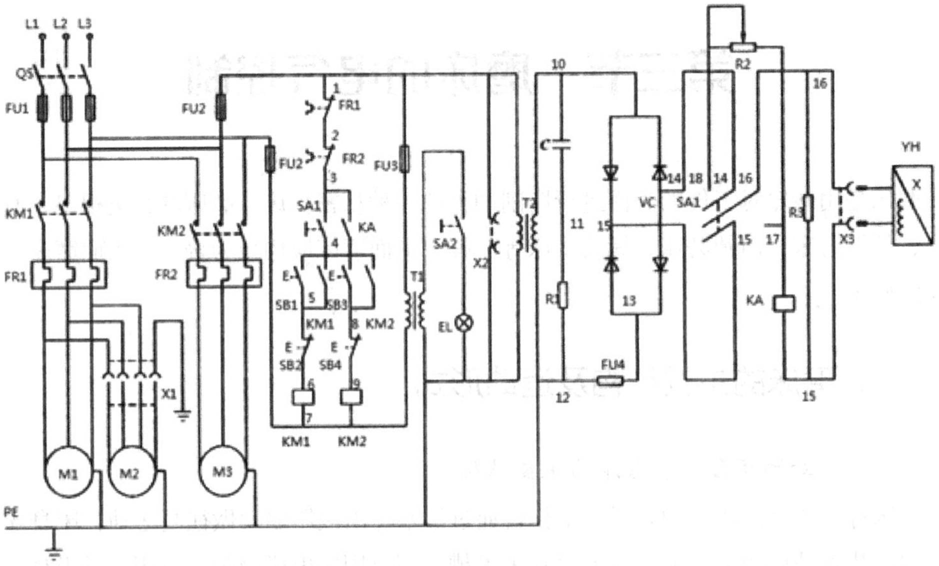

图 7–3　M7130 型平面磨床电气控制电路图

电磁吸盘由转换开关 SA_1 控制，SA_1 有“励磁”“断电”和“退磁”三个位置。

将 SA_1 扳到“励磁”位置时，SA_1（14-16）和 SA_1（15-17）闭合，电磁吸盘加上 110V 的直流电压，进行励磁。当通过 YH 线圈的电流足够大时，可将工件牢牢吸住，同时欠电流继电器 KA 吸合，其触点 KA（3-4）闭合，这时可以操作控制电路的按钮 SB_1 和 SB_3，启动电动机对工件进行磨削加工，停止加工时，按下 SB_2 和 SB_4，电动机停转。在加工完毕后，为了从电磁吸盘上取下工件，将 SA_1 扳到“退磁”位置，这时 SA_1（14-18）、SA_1（15-16）、SA_1（4-3）接通，电磁吸盘中通过反方向的电流，并用可变电阻 R_2 限制反向去磁电流的大小，达到既能退磁又不致反向磁化。退磁结束后，将 SA_1 扳至“断电”位置，SA_1 的所有触点都断开，电磁吸盘断电，取下工件。若工件的去磁要求较高时，则应将取下的工件，再在磨床的附件——交流退磁器上进一步去磁。使用时，将交流去磁器的插头插在床身的插座 X_2 上，将工件放在去磁器上即可去磁。

当转换开关 SA_1 扳到“励磁”位置时，SAI 的触点 SA_1（3-4）断开，KA（3-4）接通，若电磁吸盘的线圈断电或电流太小吸不住工件，则欠电流继电器 KA 释放，其常开触点 KA（3-4）断开，M_1、M_2、M_3 因控制回路断电而停止。这样就避免了工件因吸不牢而被高速旋转的砂轮碰击飞出的事故。

如果不需要启动电磁吸盘，则应将 X_3 上的插头拔掉，同时将转换开关 SA_1 扳到退磁位置，这时 SA_1（3-4）接通，M_1、M_2、M_3 可以正常启动。

与电磁吸盘并联的电阻 R_3 为放电电阻，为电磁吸盘断电瞬间提供通路，吸收线圈断电瞬间释放的磁场能量。因为电磁吸盘是个大电感，在电磁吸盘从工作位置转换到放松位置的瞬间，线圈产生很高的过电压，易将线圈的绝缘损坏，也将在转换开关 SA_1 上产生电弧，使开关的触点损坏。

三、常见电气故障的排除

1. 磨床中的电动机都不能启动

磨床中的电动机都不能启动的原因有：

（1）欠电流继电器 KA 的触点 KA（3-4）接触不良、接线松动脱落或有油垢，导致电动机的控制线路中的接触器不能通电吸合，电动机不能启动。将转换开关 SA_1 扳到励磁位置，检查继电器触点 KA（3-4）是否接通，不通则修理或更换触点，可排除故障。

（2）转换开关 SA_1（3-4）接触不良、接线松动脱落或有油垢，控制电路断开，各电动机无法启动。将转换开关 SA_1 扳到退磁位置，拔掉电磁吸盘的插头，检查触点 SA_1（3-4）是否接通，不通则修理或更换转换开关。

2. 砂轮电动机的热继电器 FR 脱扣

（1）砂轮电动机的前轴瓦磨损，电动机发生堵转，产生很大的堵转电流，使得热继电器脱扣，应修理或更换轴瓦。

（2）砂轮进刀量太大，电动机堵转，产生很大的堵转电流，使得热继电器动作，因此需要选择合适的进刀量。

（3）更换后的热继电器的规格和原来的不符或未调整，应根据砂轮电动机的额定电流选择和调整热继电器。

3. 电磁吸盘没有吸力

（1）检查熔断器 FU_1、FU_2 或 FU_4 熔丝是否熔断，若熔断应更换熔丝。

（2）检查插头插座 X_3 接触是否良好，若接触不良应进行修理。

（3）检查电磁吸盘电路。检查欠电流继电器的线圈是否断开、电磁吸盘的线圈是否断开，若断开应进行修理。

（4）检查桥式整流装置。若桥式整流装置相邻的二极管都烧成短路，短路的管子和整流变压器的温度都较高，则输出电压为零，致使电磁吸盘吸力很小甚至没有吸力；若整流装置两个相邻的二极管发生断路，则输出电压也为零，电磁吸盘没有吸力。此时应更换整流二极管。

4. 电磁吸盘吸力不足

（1）交流电源电压低，导致整流后的直流电压相应下降，致使电磁吸盘吸力不足。

（2）桥式整流装置故障。桥式整流桥的一个二极管发生断路，使直流输出电压为正常值的一半，断路的二极管和相对臂的二极管温度比其他两臂的二极管温度低。

（3）电磁吸盘的线圈局部短路，空载时整流电压较高而接电磁吸盘时电压下降很多（低于 110V），这是由于电磁吸盘没有密封好，冷却液流入，引起绝缘损坏。应更换电磁吸盘线圈。

5. 电磁吸盘退磁效果差，退磁后工件难以取下

（1）退磁电路电压过高，此时应调整 R_2，使退磁电压为 5 ~ 10V。

（2）退磁回路断开，使工件没有退磁，此时应检查转换开关 SA_1 接触是否良好，电阻 R_2 有无损坏。

（3）退磁时间掌握不好，不同材料的工件所需退磁时间不同，应掌握好退磁时间。

四、检修技能训练

1. 技能训练目的

（1）进一步熟悉 M7130 型磨床的主要电气设备及工作原理。

（2）学会根据电气控制线路图分析各部分电路的工作过程。

（3）掌握电气线路故障分析的方法。

（4）学会排除电磁吸盘中出现的故障。

2. 技能训练准备

（1）看懂 M7130 型磨床的电气原理图，了解电动机 M_1、M_2、M_3 的启动条件和它们之间的联锁关系，熟悉 SA_1 转换开关的操作位置和触点通断情况，清楚电吸盘励磁和退磁的工作过程和原理。

（2）清楚 M7130 型磨床中电气元件的具体部位。

（3）准备所用工具和仪表：电工常用工具、万用表或试灯。对万用表或试灯在使用前应做好检查。

3. 训练内容

（1）能根据具体的故障现象，按该机床电气原理图进行分析，指出可能产生故障的原因和存在的区域，并做针对性检查。

（2）以正确的步骤检查排除故障，即故障调查电路分析，断电检查和通电检查。如对故障原因有一定把握，也可直接进行断电和通电检查。

（3）正确使用测试工具和仪表。特别是万用表，应按要求和注意事项使用。

（4）排除 M7130 平面磨床主电路或控制电路中，人为设置的两个电气自然故障点。

4. 训练步骤

（1）故障调查

了解故障的特点，询问故障出现时机床所产生的特殊现象。这有助于进行第二步，即依据电气原理图和所了解的故障情况，对故障产生的原因和所涉及的部位做出初步的分析和判断，并在电气原理图上标出最小故障范围。

如机床的故障现象为电动机 M_3 不能启动。产生这一故障的原因会有多种，涉及多处电路。而了解清楚故障出现时机床的运行情况，可有助于缩小故障的检查范围，直达故障区。如果操作者介绍说是由于工件过长、工作台行程较大，往返工作几次后出现这一情况，并且吸盘无吸力，则可进行电路分析。

（2）电路分析

根据以上故障现象和操作者所介绍的情况依据电气原理图，对故障可能产生的原因和所涉及的电路部分进行分析并做出初步判断。

对电动机 M_3 不动作故障，从原理图上看，故障可能出现的范围会涉及电路的以下几部分：一是电动机及 M_3 控制回路（包括本 M_3 身故障，FU_1，FU_2 及接触器 KM_2 的故障以及线路连接问题）；二是电磁吸盘和整流电路部分。而根据操作者的介绍，可以初步判定故障范围极大可能在电磁吸盘和整流电路部分。很可能是由于行程过长，造成吸盘接线接触不好或断裂。为准确地对故障原因做出判断，可根据以上分析结果对电路进行检查。

（3）检查线路

检查分两种：断电检查和通电检查。

首先做断电检查：用万用表对电磁吸盘及其引出线和插头插座进行检查，看有否断线和接触不良，有断线和接触不良应解决处理。若处理好后，试车时故障仍然存在，同时发现吸盘仍无吸力，就要进行通电检查，看整流电路有无输出。

其次做通电检查：接通电源，用万用表测 16 号线与 19 号线间电压，无输出。再测 16 号线和 17 号线间电压，有电压为直流 110V。据此可以断定，问题存在于 16 号线、17 号线、19 号线范围内，需要断电检查。经检查，17 号线至 19 号线间不通。进一步检查发现电流继电器 KA 的线圈坏了。更换电流继电器后，故障排除，机床正常工作。

这个例子只是介绍排除故障的步骤及常用方法。电气故障是多种多样的，即便是同一故障现象，发生的原因也不会相同。因此，要在看懂电气原理图的基础上与实际情况相结合灵活处理，才能迅速、准确地判断和排除故障。

5. 注意事项

（1）通电检查时，最好将电磁吸盘拆除，用 110V 的白炽灯作负载。一是便于观察整流电路的直流输出情况；二是因为整流二极管为电流元件，通电检查必须要接入负载。

（2）通电检查时，必须熟悉电气原理图，弄清机床线路走向及元件部位。检查时要核对好导线线号。而且要注意安全防护和监护。

（3）用万用表测电磁吸盘线圈电阻值时，因吸盘的直流电阻较小，要先调好零，选用低阻值档。

（4）用万用表测直流电压时，要注意选用的量程和档位，还要注意检测点的极性。选用量程可根据说明书所注电磁吸盘的工作电压和电气原理图中图注选择。

（5）用万用表检查整流二极管，应断电进行。测试时，应拔掉熔断器 FU_4，并将 SA_1 置于中间位置。

（6）检修整流电路时，不可将二极管的极性接错，若接错二极管。将会发生整流器和电源变压器的短路事故。

第四节　摇臂钻床的电气控制

钻床用来钻孔、扩孔、铰孔、攻螺纹等。钻床按结构可以分为立式钻床、台式钻床、摇臂钻床、卧式钻床和专用钻床等。摇臂钻床应用广泛，操作方便灵活，常用的有 Z35、Z3040 型摇臂钻床。

一、摇臂钻床的主要结构和运动形式

摇臂钻床的主要结构，在底座上的一端固定着内立柱，内立柱的外面套着外立柱，外立柱可以绕内立柱回转。摇臂的一端为套筒，它套在外立柱上，通过丝杠的正反转可使摇臂沿外立柱做升降移动，摇臂与外立柱之间不能做相对转动，摇臂只能和外立柱一起绕内立柱回转。摇臂升降运动必须严格按照摇臂自动松开，再进行升降，到位后摇臂自动夹紧在外立柱上的顺序进行。Z35 摇臂钻床的摇臂松开和夹紧依靠机械机构自动进行，Z3040 摇臂钻床的摇臂松开与夹紧依靠液压推动松紧机构自动进行。摇臂连同外立柱绕内立柱的回转运动必须先将外立柱松开，然后用手推动摇臂进行。主轴箱由主传动电动机、主轴和主轴传动机构、进给和变速机构以及机床操作机构等组成。可以通过操作手轮使主轴箱在摇臂上沿导轨作水平移动。主轴箱沿摇臂的水平运动必须先将主轴箱松开，然后再进行移动。

工件不大时，将其压紧在工作台上加工；工件较大时，可以直接装在底座上加工。进行加工时，外立柱夹紧在内立柱上，主轴箱夹紧在摇臂上。外立柱的松紧和主轴箱的松紧是依靠液压推动松紧机构进行的。在钻削加工时，主轴带动钻头的旋转运动为主运动；进给运动是主轴的纵向进给；辅助运动有摇臂沿外立柱的升降运动、主轴箱沿摇臂的水平移动、摇臂连同外立柱一起绕内立柱的回转运动。

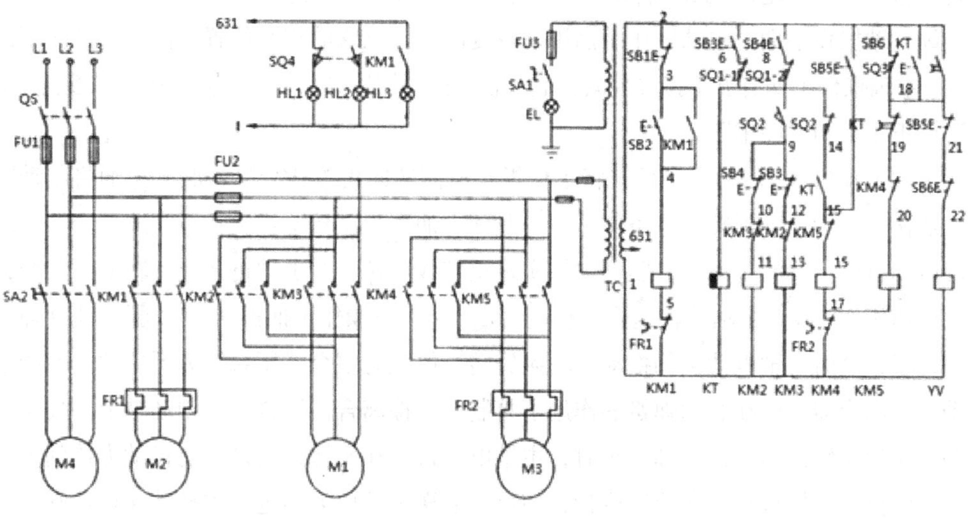

图 7–4　Z3040 招臂钻床电气原理图

1. **主电路分析**

M_1 为主轴电动机，摇臂钻床的主运动和进给运动都为主轴的运动，由一台主轴电动机 M_1 拖动，再通过主轴传动机构和进给传动机构实现主轴的旋转和进给。主轴变速机构和进给变速机构都装在主轴箱内。主轴在一般的转速下进行钻削加工，而低速时主要用于扩孔、铰孔、攻螺纹等加工。为加工螺纹，主轴要求有正反转，主轴的正、反转一般采用机械的方法实现，主轴电动机 M_1 只需作单方向的旋转。主轴电动机 M_1 由接触器 KM_1 控制，热继电器 FR_1 作过载保护。

M_2 为摇臂升降电动机，摇臂的升降运动由 M_2 拖动，M_2 要求进行正、反转的点动控制，由接触器 KM_2、KM_3 进行控制，不加过载保护。

M_3 为液压泵电动机，内外立柱的夹紧放松、主轴箱的夹紧放松和摇臂夹紧放松可采用手柄机械操作、电气 - 机械装置、电气 - 液压装置或电气 - 液压 - 机械装置等控制方法来实现，若采用液压装置，则靠液压泵电动机 M_3 拖动油泵送出压力油来实现。M_3 电动机由接触器 KM_4、KM_5 控制其正、反转，热继电器 FR_2 进行过载保护。

摇臂的升降运动必须按照摇臂松开→升或降→摇臂夹紧的顺序进行，因此摇臂的夹紧、放松与摇臂的升降按自动控制进行。

M_4 为冷却泵电动机，它拖动冷却泵供出冷却液对刀具进行冷却，由于 M_4 的容量很小，所以由 SA_2 直接控制。

2. **控制电路分析**

控制电路的电源电压由变压器 TC 将 380V 的交流电压降为 127V 得到。

（1）主轴电动机的控制

主轴电动机 M_1 为单向旋转，按下启动按钮 SB_2，接触器 KM_1 线圈得电，接触器 KM_1

吸合并自锁，主轴电动机 M_1 启动运转。主轴电动机启动后拖动齿轮泵送出压力油，此时可操纵主轴操作手柄，主轴操作手柄用来改变两个操纵阀的相互位置，使压力油作不同的分配。主轴操作手柄有五个操作位置：上、下、里、外和中间，分别为“空档”“变速”“反转”“正转”和“停车”。

主轴电动机 M_1 启动运转后，将手柄扳至所需转向位置，于是一股压力油将制动摩擦离合器松开，为主轴旋转创造条件，另一股压力油压紧正转（或反转）摩擦离合器，接通主轴电动机到主轴的传动链，驱动主轴实现正转或反转。在主轴正转或反转的过程中，可转动变速旋钮，改变主轴的转速或主轴进给量，然后将操作手柄扳回“中间”，即主轴“停车”位置，这时主轴电动机仍拖动齿轮泵旋转，但此时整个液压系统为低压油，不能松开制动摩擦离合器，而在制动弹簧的作用下将制动摩擦离合器压紧，使制动轴上的齿轮不能转动，实现主轴停车。在主轴停车时，主轴电动机仍在旋转，只是不能将动力传到主轴。再将主轴操作手柄扳至“变速”位置，使齿轮泵送出的压力油进入主轴转速预选阀，然后进入相应的变速油缸，另一油路系统推动拨叉缓慢移动，逐渐压紧主轴正转摩擦离合器，接通主轴电动机到主轴的传动链，带动主轴缓慢旋转，以利于齿轮的啮合。当变速完成，松开操作手柄时，手柄在弹簧作用下由“变速”位置自动复位到主轴“停车”位置，然后再操纵主轴正转或反转，转轴将在新的转速或进给量下工作。

按下停止按钮 SB_1，KM_1 释放，主轴电动机停转。过载时，热继电器 FR_1 的常闭触点断开，接触器 KM_1 释放，主轴电动机停转。

将操作手柄扳至“空档”位置时，压力油使主轴传动中的滑移齿轮处于中间脱开位置。这时可用手轻便地转动主轴。

（2）摇臂升降的控制

摇臂升降的控制包括摇臂的自动松开、上升或下降后再自动夹紧。因此摇臂的升降控制必须与夹紧机构的液压系统紧密配合。夹紧机构液压系统的夹紧放松的控制是由液压泵电动机拖动液压泵送出压力油推动活塞、菱形块实现的。其中主轴箱和立柱的夹紧放松由一个油路控制，而摇臂的夹紧放松由另一个油路控制，这两个油路均由电磁阀 YV 操纵。

电磁阀 YV 线圈通电，电磁阀 YV 吸合，压力油进入摇臂松紧控制的油腔；电磁阀 YV 线圈断电，YV 不吸合，压力油进入主轴箱和立柱松紧油腔。

在摇臂升降控制的操作前，摇臂处于夹紧状态，油进入夹紧油腔，行程开关 SQ_3 被压下，其常闭触点 SQ_3（2-18）断开。

若进行摇臂上升的控制，则按下上升复合按钮 SB_3，其常闭触点 SB_3（9-12）断开，切断摇臂下降的 KM_3 线圈回路；其常开触点 SB_3（2-6）闭合，时间继电器 KT 线圈通电并吸合，其瞬动常开触点 KT（14-15）瞬时动作，接通了接触器 KM_4 的线圈回路，接触器 KM_4 吸合，使液压泵电动机 M_3 正转，液压泵供出正向压力油。同时 KT 延时断开的常开触点 KT（2-18）闭合，接通电磁阀 YV 的线圈。电磁阀的吸合使压力油进入摇臂松开油腔，推动松开机构，使摇臂松开，并压下行程开关 SQ_2，其常闭触点 SQ_2（7-14）断开，

接触器 KM_4 因线圈断电而释放，液压泵电动机 M_3 停止转动。同时 SQ_2 的常开触点 SQ_2（7-9）闭合，接触器 KM_2 线圈通电，使接触器 KM_2 吸合，摇臂升降电动机 M_2 正转，拖动摇臂上升。在压力油进入摇臂松开油腔后，行程开关 SQ_3 被释放，其常闭触点 SQ_3（-18）闭合，此时由于 KT 线圈通电，其延时闭合的常闭触点 KT（18-19）断开，所以接触器 KM_5 线圈回路处于断电状态。

当摇臂上升到所需的位置时，松开按钮 SB_3，接触器 KM_2 和时间继电器 KT 均释放，摇臂升降电动机 M_2 停转，摇臂停止上升。时间继电器 KT 释放后，延时 1 ~ 3s，其延时闭合的常闭触点 KT（18-19）闭合，接通接触器 KM_5 的线圈回路，接触器 KM_5 吸合，液压泵电动机 M_3 反转，反向供给压力油。这时 SQ_3 的常闭触点 SQ_3（2-18）是闭合的，电磁阀仍通电吸合，结果使压力油进入摇臂夹紧的油腔，推动夹紧机构，使摇臂夹紧。夹紧后压下 SQ_3，其常闭触点 SQ_3（2-18）断开，接触器 KM_5 和电磁阀 YV 线圈断电而释放，液压泵电动机 M_3 停转，摇臂的上升过程结束。

行程开关 SQ_2 保证只有摇臂完全松开后才能升降。如果摇臂没有完全松开，则 SQ_2 不动作，其常开触点 SQ_2（7-9）不能闭合，接触器 KM_2 和 KM_3 就不能通电吸合，摇臂升降电动机 M_2 不会动作。

断电延时型时间继电器 KT 保证接触器 KM_2 断电后 1 ~ 3s，待摇臂升降电动机停止时再将摇臂夹紧。

摇臂升降的限位保护，由组合限位开关 SQ_1 来实现，SQ_1 有两对常闭触点。当摇臂上升到极限位置时，与上升按钮串联的常闭触点 SQ_1-1（6-7）断开，接触器 KM_2 释放，摇臂升降电动机 M_2 停转。SQ_1 的两对触点平时应调整在同时接通的位置，SQ_1 一旦动作，一对触点断开，而另一对触点仍保持闭合。这样当上升限位 SQ_{1-1} 断开后，与 SB_4 串联的触点 SQ_{1-2} 仍然闭合，压下 SB_4 按钮，可以使摇臂下降。

摇臂下降的过程与摇臂上升的过程类似。

摇臂自动夹紧程度由 SQ_3 控制。摇臂夹紧后，由行程开关 SQ_3、常闭触点 SQ_3（2-18）断开液压泵电动机 M_3 的控制回路，使 M_3 停止。如果液压系统出现故障使摇臂不能夹紧或由于行程开关 SQ_3 调整不当，使 SQ_3 的常闭触点不断开，而使液压泵电动机长期过载，易将电动机烧毁，为此 M_3 的主电路采用热继电器 FR_2 进行过载保护。

（3）主轴箱与立柱松开夹紧的控制

主轴箱的松开与夹紧的控制是由夹紧机构液压系统的一个油路控制的。主轴箱与立柱的松开夹紧控制是同时进行的。

按下松开复合按钮 SB_5，其常开触点 SB_5（2-15）闭合，接触器 KM_4 吸合，液压泵电动机 M_3 正转，拖动液压泵送出压力油。这时与摇臂升降不同，由于常闭触点 SB_5（18-21）断开，电磁阀 YV 线圈处于断电状态，并不吸合，压力油经二位六通阀进入主轴箱松开油腔和立柱松开油腔，推动活塞和菱形块，使主轴箱与立柱松开。同时行程开关 SQ_4 松开，其常闭触点闭合，松开指示灯 HL_1 亮。而 YV 线圈断开，电磁阀 YV 不动作，压力油不会进入摇臂松开油腔，摇臂仍然处于夹紧状态。这时可以手动操作主轴箱沿摇臂的水平导轨移动，也可以推动摇臂使外立柱绕内立柱转动。

按下夹紧复合按钮 SB_6，其常开触点 SB_6（2-18）闭合，接触器 KM_5 吸合，液压泵电动机 M_3 反转。这时由于 SB_6 的常闭触点 SB_6（21-22）断开，电磁阀 YV 并不吸合，压力油进入主轴箱夹紧油腔和立柱夹紧油腔，使主轴箱和立柱都夹紧。同时行程开关 SQ_4 被压下，其常闭触点断开，常开触点闭合，松开指示灯 HL_1 熄灭而夹紧指示灯 HL_2 亮。

（4）冷却泵电动机 M_4 的控制

由于冷却泵电动机容量小（0.125kW），直接由 SA_1 开关控制，进行单向旋转。

3. 照明和信号指示电路分析

照明电源是变压器 TC 提供的 36V 交流电压。照明灯 EL 由装在灯头上的开关 SA_1 控制，灯的一端保护接地。熔断器 FU_3 作为照明电路的短路保护。

HI_3 为主轴旋转工作指示灯，HI_2 为主轴箱、立柱夹紧指示灯，HL_1 为主轴箱、立柱松开指示灯。

二、技能训练

1. 训练目的

（1）进一步掌握 Z3040 型摇臂钻床的工作原理，电力拖动的特点。

（2）熟练掌握机床控制线路安装的方法和调试过程中故障排除的方法。

2. 训练内容

（1）在模拟板上安装 Z3040 的控制电路，并按操作过程进行模拟操作。

（2）在调试的过程中，能根据故障的现象，按电气原理图分析故障的原因。

（3）在试车成功的模拟板上设置摇臂上升后不能夹紧的故障。

3. 训练步骤及要求

（1）配齐电气设备和元件，并逐个校验。根据实训条件部分元件可以代用。

（2）按编号原则在原理图上给各电气元件接线端编号。

（3）给各电气元件按原理图的符号做好标记，并给各电气元件接线端作编号标记。

（4）根据电动机的容量、线路的走向和电气元件的尺寸，正确选配导线规格、导线通道类型和导线数量，选配接线板的节数、控制板的尺寸及管夹。

（5）并根据原理图的编号给各连接线端做好标记。

（6）在控制板上安装电气元件并布线。布线时应选择合理的走向。

（7）安装控制板外的所有控制元件，进行控制板外布线。

（8）检查电路的接线是否正确及检测线路的绝缘。

（9）接通电源，按机床的控制过程进行模拟操作。

（10）在调试的过程中，根据故障的现象，按电气原理图分析故障的原因。

（11）试车成功后，在模拟板上设置摇臂上升后不能夹紧的故障。

4. 注意事项

（1）在安装机床电气设备时，应当注意三相交流电源的相序。如果三相电源的相序接错了，电动机的旋转方向就与规定的方向不符，在开动机床时容易发生事故。Z3040型摇臂钻床三相电源的相序可以用立柱和主轴箱的夹紧机构来检查。可先按下松开按钮 SB_5，若立柱和主轴箱都松开，表示电源的相序正确，否则将电源线路中任意两根导线对调位置。电源的相序正确后，再调整升降 M_2 的接线。

（2）不要漏接接地线。

第五节　铣床的电气控制

一、万能铣床的主要结构与运动形式

铣床可以用来加工平面、斜面和沟槽等，装上分度头后还可以铣切直齿齿轮和螺旋面，如果装上圆工作台还可以铣切凸轮和弧形槽。铣床的种类很多，有卧铣、立铣、龙门铣、仿形铣及各种专用铣床。

X62W 卧式万能铣床应用广泛，具有主轴转速高、调速范围宽、操作方便和加工范围广等特点。

X62W 卧式万能铣床主要由底座、床身、悬梁、刀杆支架、工作台、回旋盘、溜板箱和升降台等部分组成。床身内装有主轴的传动机构和变速操纵机构。主轴带动铣刀的旋转运动称为主运动，进给运动是工件相对于铣刀的移动。主轴电动机用笼型异步电动机拖动，通过齿轮进行调速，为完成顺铣和逆铣，主轴电动机应能正反转。为了减少负载波动对铣刀转速的影响，使铣削平稳些，铣床的主轴上装有飞轮，使得主轴传动系统的惯性较大。因此，为了缩短停车时间，主轴采用电气制动停车。为保证变速时齿轮顺利地啮合好，要求变速时主轴电动机进行冲动控制，即变速时电动机通过点动控制稍微转动一下。升降台可上下移动，在升降台上面的水平导轨上装有溜板箱，溜板箱可沿主轴轴线水平方向移动（横向移动，即前后移动），溜板上部装有可转动的回转台，工作台装在可转动回转台的导轨上，可做垂直于主轴轴线方向的移动（纵向移动，即左右移动）。这样固定在工作台上的工件可做上下、左右、前后六个方向的移动，各个运动部件在六个方向上的运动由同一台进给电动机通过正反转进行拖动，在同一时间内，只允许一个方向上的运动。

二、X62W 万能铣床电气线路分析

图 7-5 是 X62W 万能铣床电气线路的电气线路。

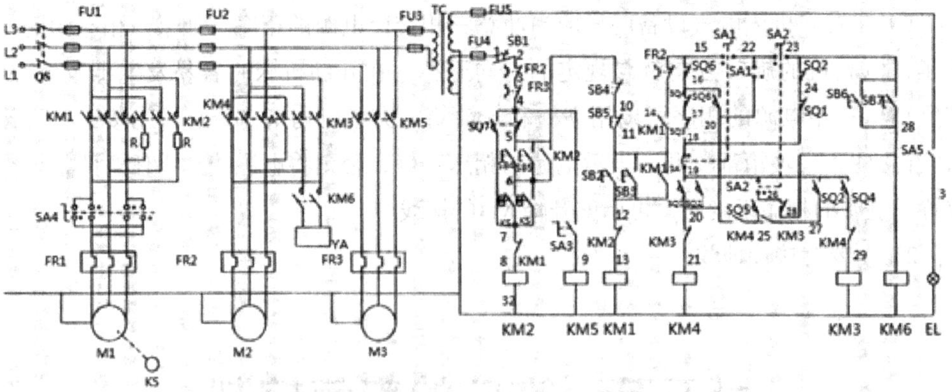

图 7–5　X62W 万能铣床电气线路的电气线路

1. **主电路**

主电路中 M_1 是主轴电动机，M_2 为进给电动机，M_3 为冷却泵电动机。电动机 M_1 通过换相开关 SA_4，与接触器 KM_1、KM_2 进行正反转控制、反接制动和瞬时冲动控制，并通过机械机构进行变速；工作台进给电动机 M_2 要求能正反转、快慢速控制和限位控制，并通过机械机构使工作台能上下、左右、前后运动；冷却泵电动机 M_3 只要求正转控制。

2. **控制电路分析**

（1）主轴电动机 M_1 的控制

SB_2，SB_3 是分别装在机床两边的启动按钮，可进行两地操作。SB_4，SB_5 是制动停止按钮，SA_4 是电源换相开关，改变 M_1 的转向，KM_1 是主轴电动机启动接触器，KM_2 是反接制动接触器，SQ_7 是与主轴变速手柄联动的冲动行程开关。

①主轴电动机启动时，要先将 SA_4 扳到主轴电动机所需要的旋转方向，然后再按启动按钮 SB_2 或 SB_3 启动 M_1，在主轴启动的控制电路中串有热继电器 FR_1 和 FR3 的常闭触点。当电动机 M_1 和 M_3 中有任一台电动机过载，热继电器的常闭触点断开，两台电动机都停止。

②主轴电动机启动后，速度继电器 KS 的常开触点 KS（6-7）闭合，为电动机停转制动做准备，停止时按下停止复合按钮 SB_4 或 SB_5，首先其常闭触点 SB_4（5-10）或 SB_5（10-11）断开，KM_1 线圈断电释放，主轴电动机 M_1 断电，但因惯性继续旋转，将停止按钮 SB_4 或 SB_5 按到底，其常开触点 SB_4（5-6）或 SB_5（5-6）闭合，接通 KM_2 回路，改变 M_1 的电源相序进行反接制动。当 M_1 转速趋于零时，KS 自动断开，切断 M_2 的电源。

③主轴电动机变速时的冲动控制，是利用变速手柄与冲动行程开关 SQ_7 通过机械上的联动机构进行控制的。变速操作可在开车时进行，也可在停车时进行。若开车进行变速时，

首先将主轴变速手柄微微压下，使它从第一道槽内拔出，然后将变速手柄拉向第二道槽，当快要落入第二道槽内时，将变速盘转到所需的转速，然后将变速手柄从第二道槽迅速推回原位。

就在手柄拉向第二道槽时，有一个与手柄相连的凸轮通过弹簧杆瞬时压了一下行程开关 SQ_7，使冲动行程开关 SQ_7 的常闭触点 SQ_7（4-5）先断开，切断 KM_1 线圈的电路，M_1 断电，SQ_7 的常开触点 SQ_7（4-7）后闭合，接触器 KM_2 线圈得电动作，M_1 被反接制动。当手柄拉到第二道槽内时，SQ_7 不受凸轮控制而复位，电动机停转。接着把手柄从第二道槽推回原来位置的过程中，凸轮又压下 SQ_7，使 SQ_7（4-7）常开接通，SQ_7（4-5）常闭断开，KM_2 线圈得电，M_1 反向转动一下，以利于变速后的齿轮啮合。当变速手柄以较快的速度推到原来的位置时，SQ_7 复位，KM_2 线圈断电，M_1 停转，操作过程结束。这样，在整个变速操作过程中，主轴电动机就短时转动一下，使变速后的齿轮易于啮合。当手柄完全推到原来的位置时，齿轮啮合好了，变速完成。由此可见，可进行主轴不停车直接变速。若主轴原来处于停车状态，则在主轴变速操作过程中，SQ_7 第一次动作时，M_1 反转一下，SQ_7 第二次动作时，M_1 又反转一下，因此也可以实现主轴停车时的变速控制。当然，若要主轴在新的速度下运行，则需要重新启动主轴电动机。需要注意的是，无论是在主轴不停车直接变速，还是主轴原来处于停车状态时变速，都应以较快的速度把手柄推回原始位置，以免通电时间过长、M_1 转速过高而打坏齿轮。

（2）工作台移动控制

转换开关 SA_1 是控制圆工作台运动的。在不需要圆工作台运动时，将转换开关 SA_1 扳至“断开”位置，转换开关 SA_1 在正向位置的两个触点 SA_1（18-19）、SA_1（15-22）闭合，反向位置的触点 SA_1（20-22）断开。再将工作台自动与手动控制方式选择开关 SA_2 扳到手动位置，转换开关 SA_2（19-26）断开，SA_2（22-23）闭合，然后启动 M_1。这时接触器 KM_1 吸合，其触点 KM_1（11-14）闭合，这样就可以进行工作台的进给控制。

工作台有上下，左右、前后六个方向的运动。

①工作台的左右（纵向）运动的控制。工作台的左右运动是由进给电动机 M_2 传动的。首先将圆工作台转换开关 SA_1 扳在“断开”位置。操纵工作台纵向运动的手柄有两个，一个装在工作台底座的顶面的正中央，另一个装在工作台底座的左下方，它们之间有机械连接，只要操纵其中任意一个就可以了。手柄有三个位置，即“左”“右”和“中间”。当手柄扳到“右”或“左”时，手柄联动机构压下行程开关 SQ_1 或 SQ_2 使接触器 KM_4 或 KM_3 动作，控制进给电动机 M_2 的正反转。工作台的左右行程可通过调整安装在工作台两端的挡铁来控制。当工作台纵向运动到极限位置时，挡铁撞动纵向操纵手柄，使它回到零位，工作台停止运动，从而实现了纵向终端保护。

在主轴电动机启动后，将操作手柄板向右，其联动机构压下行程开关 SQ_1，使 SQ_1（24-18）断开，SQ_1（19-20）闭合，接触器 KM_4 线圈得电，电动机 M_2 正转，拖动工作台向右。

在主轴电动机启动后，将操作手柄板向左，其联动机构压下行程开关 SQ_2，使 SQ_2（24-23）断开，SQ_2（19-27）闭合，接触器 KM_3 线圈得电，电动机 M_2 反转，拖动工作台向左。

②工作台的上下运动和前后运动的控制。首先将圆工作台转换开关 SA_1 扳在“断开”位置。控制工作台的上下运动和前后运动的手柄是十字手柄，有两个完全相同的手柄分别装在工作台左侧的前、后方。它们之间有机械联锁，只需操纵其中任意一个。手柄有五个位置，即上、下、前、后和中间，五个位置是联锁的。手柄的联动机构与行程开关 SQ_3、SQ_4 相连，扳动十字手柄时，通过传动机构将同时压下相应的行程开关 SQ_3 或 SQ_4。

SQ_3 控制工作台向上及向后运动，SQ_4 控制工作台向下及向前运动，见表 7-1。工作台的上下限位终端保护是利用床身导轨旁的挡铁撞动十字手柄使其回到中间位置，升降台便停止运动。横向运动的终端保护是利用装在工作台上的挡铁撞动十字手柄来实现的。进给运动由电动机 M_2 拖动。

表 7–1　十字手柄控制情况

手柄位置	工作台运动方向	离合器接通的丝杆	压下的行程开关	接触器的动作	电动机的运转
上	向上进给或快速向上	垂直丝杆	SQ_3	KM_4	M_2 正转
下	向下进给或快速向下	垂直丝杆	SQ_4	KM_3	M_2 反转
前	向前进给或快速向前	横向丝杆	SQ_4	KM_3	M_2 反转
后	向后进给或快速向后	横向丝杆	SQ_3	KM_4	M_2 正转
中	升降成横向进给停止	横向丝杆			

工作台进给控制电路的电源只有在主轴电动机启动，即 KM_1（11-14）闭合以后才能接通。

在主轴启动以后，将手柄扳至向上位置，其联动机构一方面接通垂直传动丝杆离合器，为垂直传动丝杆的转动做好准备。另一方面它使行程开关 SQ_3 动作，SQ_3（17-18）断开，SQ_3（19-20）闭合，接触器 KM_4 线圈通电，M_2 正转，工作台向上运动。

将手柄扳至向后位置，联动机构拨动垂直传动丝杆的离合器使它脱开，停止转动，而将横向传动丝杆的离合器接通进行传动，可使工作台向后运动。

将手柄扳至向下位置，其联动机构一方面接通垂直传动丝杆离合器，为垂直传动丝杆的转动做好准备；另一方面它使行程开关 SQ_4 动作，SQ_4（16-17）断开，SQ_4（19-27）闭合，接触器 KM_3 线圈通电，M_2 反转，工作台向下运动。

将手柄扳至向前位置，联动机构拨动垂直传动丝杆的离合器使它脱开，而将横向传动丝杆的离合器接通进行传动，由横向传动丝杆使工作台向前运动。

③工作台快速移动控制。在铣床不进行铣削加工时，工作台可以快速移动。工作台的快速移动也是由进给电动机 M_2 来拖动的，在六个方向上都可以实现快速移动的控制。

主轴启动以后，将工作台的进给手柄扳到所需的运动方向，工作台将按操纵手柄指定的方向慢速进给。这时按下快速移动按钮 SB_6（在床身侧面）或 SB_7（在工作台前面），使接触器 KM_6 线圈得电，接通牵引电磁铁 YA，电磁铁通过杠杆使摩擦离合器合上，减少中间传动装置，使工作台按原运动方向做快速移动。当松开快速移动按钮时，电磁铁断电，摩擦离合器断开，快速移动停止，工作台仍按原进给速度继续运动。

④进给电动机变速时的冲动控制。变速时，为使齿轮易于啮合，进给变速与主轴变速一样，设有变速冲动环节。变速前也应先启动主轴电动机 M_1，使接触器 KM_1 吸合，其常开触点 KM_1（11-14）闭合。当需要进行进给变速时，应将转速盘的蘑菇形手轮向外拉出并转动转速盘，将它转到所需的速度，然后在把蘑菇形手轮用力向外拉到极限位置并随即推向原位。就在操纵手轮的同时，其连杆机构两次瞬时压下行程开关 SQ_6，使 sQ_6 的常闭触点 SQ_6（15-16）断开，常开触点 SQ_6（16-20）闭合，使接触器 KM_4 得电吸合，其通电回路为 KM_1（11-14）→ FR_2（14-15）→ SA_1（15-22）→ SA_2（22-23）→ SQ_2（23-24）→ SQ_1（24-18）→ SQ_3（18-17）→ SQ_4（17-16）→ SQ_6（16-20）→ KM_3（20-21）→ KM_4 线圈，电动机 M_2 正转，因为 KM_4 是短时接通的，进给电动机 M_2 就转动一下，当蘑菇形手轮推到原位时，变速齿轮已啮合完毕。

从进给变速冲动环节的通电回路中可以看出，要经过 SQ_1 到 SQ_4 四个行程开关的常闭触点，因此，只有进给运动的操作手柄在中间位置时，才能实现进给变速冲动的控制，以保证操作安全。同时应注意进给电动机的通电时间不能太长，以防止转速过高，在变速时打坏齿轮。

（3）圆工作台的运动控制

圆工作台的旋转运动也是由进给电动机 M_2 经过传动机构来拖动的。圆工作台工作时，先将转换开关 SA_1 扳到“接通”的位置，转换开关 SA_1 在正向位置的两个触点 SA_1（18-19）、SA_1（15-22）断开，反向位置的触点 SA_1（20-22）接通，然后将工作台的进给操作手柄扳至中间位置，此时行程开关 SQ_1 ~ SQ_4 处于不受压状态。此时按下主轴启动按钮 SB_2 或 SB_3，主轴电动机启动，同时回路“KM_1（11-14）→ FR_2（14-15）→ SQ_6（15-16）→ SQ_4（16-17）SQ_3（17-18）→ SQ_1（18-24）→ SQ_2（24-23）→ SA_2（23-22）→ SA_1（22-20）→ KM_3（20-21）→ KM_4 线圈”接通，进给电动机因为 KM_4 线圈获电而启动，并通过机械传动使圆工作台按照需要的方向转动。可以看出，圆工作台只能沿着这个方向做旋转运动，并且圆工作台运动控制的通路需要经过 SQ_1 ~ SQ_4 四个行程开关的常闭触点，如果扳动工作台任意一个进给手柄，圆工作台都会停止工作，这就保证了工作台的进给运动与圆工作台的旋转运动不能同时进行。若按下主轴停止按钮，主轴停转，圆工作台也同时停止工作。

（4）照明电路

控制变压器 TC 将 380V 的交流电压降到 36V 的安全电压，供照明用。照明电路由转

换开关 SA_5 控制，灯泡一端接地。FU_5 作为照明电路的短路保护。

三、万能铣床电气线路常见故障的检查与排除

1. 主轴电动机不能启动

（1）控制电路熔断器 FU_3 或 FU_4 熔丝熔断。

（2）主轴换相开关在 SA_4 在停止位置。

（3）按钮 SB_1、SB_2、SB_3 或 SB_4 的触点接触不良。

（4）主轴变速冲动行程开关 SQ_7 的常闭触点接触不良。

（5）热继电器 FR_1、FR_3 已经动作，没有复位。

2. 主轴停车时没有制动

（1）主轴无制动时要首先检查按下停止按钮后反接制动接触器是否吸合，如 KM_2 不吸合，则应检查控制电路。检查时先操作主轴变速冲动手柄，若有冲动，说明故障的原因是速度继电器或按钮支路发生故障。

（2）若 KM_2 吸合，则首先检查 KM_2、R 的制动回路是否有缺两相的故障存在，如果制动回路缺两相则完全没有制动现象；其次检查速度继电器的常开触点是否过早断开，如果速度继电器的常开触点过早断开，则制动效果不明显。

3. 主轴停车后产生短时反向旋转

这是速度继电器的弹簧调得过松，使触点分断过迟引起的，只要重新调整反力弹簧就可以消除故障。

4. 按下停止按钮后主轴不停

（1）若按下停止按钮后，接触器 KM_1 不释放，则说明接触器 KM_1 主触点熔焊。

（2）若按下停止按钮后，KM_1 能释放，KM_2 吸合后有“嗡嗡”声或转速过低，则说明制动接触器 KM_2 主触点只有两相接通，电动机不会产生反向转矩，同时在缺相运行。

（3）若按下停止按钮后电动机能反接制动，但放开停止按钮后，电动机又再次启动，则是启动按钮在启动电动机 M_1 后绝缘被击穿。

5. 主轴不能变速冲动

故障原因是主轴变速行程开关 SQ_7 位置移动、撞坏或断线。

6. 工作台不能作向上进给

检查时可依次进行快速进给、进给变速冲动或圆工作台向前进给、向左进给及向后进给的控制。若上述操作正常则可缩小故障的范围，然后再逐个检查故障范围内的各个元件和接点，检查接触器 KM_3 是否动作，行程开关 SQ_4 是否接通，KM_4 的常闭联锁触点是否良好，热继电器是否动作，直到检查出故障点。若上述检查都正常，再检查操作手柄的位置是否

正确，如果手柄位置正确，则应考虑是否存在机械磨损或位移使操作失灵。

7. 工作台左右（纵向）不能进给

应首先检查横向或垂直进给是否正常，如果正常，进给电动机 M_2、主电路、接触器 KM_3、KM_4、SQ_1、SQ_2 及与纵向进给相关的公共支路都正常，此时应检查 SQ_6（15-16）、SQ_4（16-17）、SQ_3（17-18），只要其中有一对触点接触不良或损坏，工作台就不能向左或向右进给。SQ_6 是变速冲动开关，常因变速时手柄操作过猛而损坏。

8. 工作台各个方向都不能进给

用万用表检查各个回路的电压是否正常，若控制回路的电压正常，可扳动手柄到任一运动方向，观察其相关的接触器是否吸合，若吸合则控制回路正常。再着重检查主电路，检查是否有接触器主触点接触不良、电动机接线脱落和绕组断路。

9. 工作台不能快速进给

工作台不能快速进给，常见的原因是牵引电磁铁回路不通，如线头脱落、线圈损坏或机械卡死。如果按下 SB_6 或 SB_7 后，牵引电磁铁吸合正常，则故障是由于杠杆卡死或离合器摩擦片间隙调整不当。

四、检修技能训练

1. 实训目的

（1）学会用通电试验的方法发现故障。

（2）学会故障分析的方法，并通过故障分析缩小故障范围。

（3）排除 X62W 万能铣床主电路或控制电路中，人为设置的两个电气自然故障点。

2. 实训内容

（1）充分了解机床的各种工作状态以及操作手柄的作用，并观察机床的操作。

（2）熟悉机床的电气元件的安装位置、布线情况以及操作手柄在不同位置时，行程开关的工作状态。

（3）人为设置故障点，指导学生从故障的现象着手进行分析，并采用正确的检查步骤和检查方法查出故障。

（4）设置两个故障点，由学生检查、排除，并记录检查的过程。

要求学生应首先根据故障现象，在原理图上标出最小故障范围，然后采用正确的步骤和方法在规定的时间内排除故障。排除故障时，必须修复故障点，不得采用更换电气元件或改动线路的方法。检修时严禁扩大故障范围或产生新的故障点。

3. 注意事项

（1）操作前必须熟悉掌握电气原理图的各个环节。

（2）带电检修时，必须由指导教师在现场监护。

（3）若没有机床实物，则可事先在模拟板或试验台上按原理图安装控制线路，并按控制要求检查试车。

第六节 镗床的电气控制

一、镗床的主要结构与运动形式

镗床是一种精密加工机床，主要用于加工精确度高的孔以及各孔间距离要求较为精确的零件。这些孔的轴线之间有严格的同轴度、垂直度、平行度与精确的距离。常用来加工箱体零件如主轴箱、机床的变速箱等。按用途不同，镗床可以分为卧式镗床、立式镗床、坐标镗床、金刚镗床和专门化镗床等。

卧式镗床主要由床身、前立柱、镗头架、后立柱、尾座、下溜板、上溜板、工作台、镗轴和平旋盘等组成。

镗床的主运动是镗轴和平旋盘的旋转运动。进给运动是镗轴的轴向进给、平旋盘刀具溜板的径向进给、镗头架的垂直进给、工作台的纵向进给和横向进给。辅助运动是工作台的旋转运动、后立柱的轴向移动及尾座的垂直移动。卧式镗床的主运动和各种常速进给运动都是由一台电动机拖动的。主轴拖动要求能够正反转且为恒功率调速，一般采用单速或多速笼型三相异步电动机拖动。为了使主轴停车迅速准确，主轴电动机应设有电气制动环节。为便于变速时齿轮顺利地啮合，控制电路中设有变速低速冲动环节。卧式镗床的各部分快速进给运动是由快速进给电动机来拖动的。

二、镗床的电气线路分析

图 7-6 为 T68 型卧式镗床的电气控制原理图。T68 镗床有两台电动机，M_1 是主轴电动机，它通过变速箱等传动机构拖动机床的主运动和进给运动，同时还拖动润滑油泵；另一台 M_2 是快速移动电动机，实现主轴箱与工作台的快速移动。

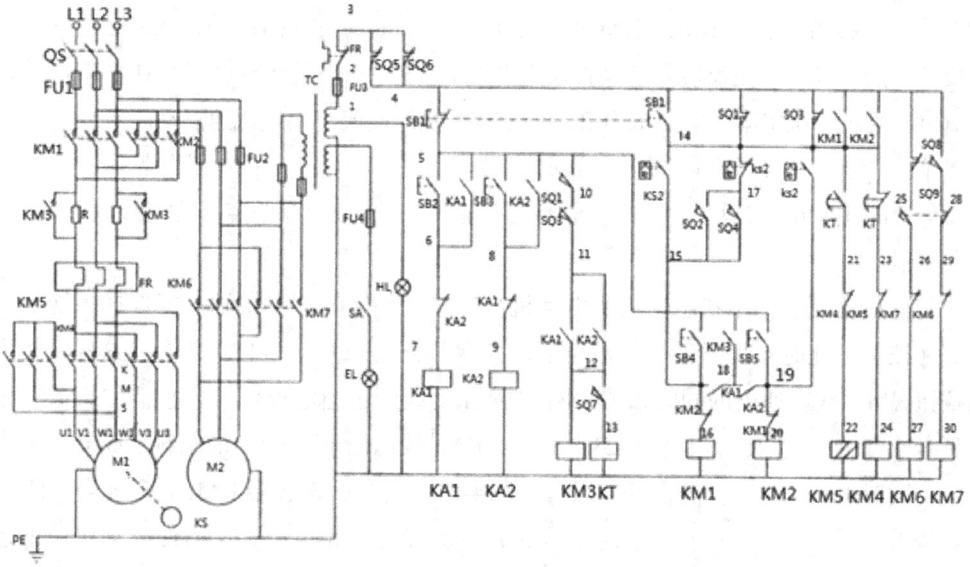

图 7–6　T68 型卧式镗床电气控制原理图

主轴电动机是台双速电动机，它可进行点动或连续正反转的控制。停车制动采用由速度继电器 KS 控制的反接制动，为了限制制动电流和减小机械冲击，M_1 在制动、点动及主运动和进给的变速冲动控制时串入了电阻器。

快速进给电动机应能进行正反转的控制，由于工作时间短，所以不采用热继电器进行过载保护。

1. **开车前的准备**

（1）合上电源开关把电源引入，电源指示灯 HL 亮，再把照明开关 SA 合上，局部照明工作灯 EL 亮。

（2）预先选择好所需的主轴转速和进给量。SQ_1 是主轴变速行程开关，平时此行程开关是给压下的，其常开触点闭合，常闭触点断开，主轴变速时复位。行程开关 SQ_2 是在主轴变速手柄推不上时被压下。SQ_3 是进给变速行程开关，平时此行程开关是给压下的，其常开触点闭合，常闭触点断开，进给变速时复位。SQ_4 是在进给变速手柄推不上时压下的。

（3）再调整好主轴箱和工作台的位置。调整后行程开关 SQ_5 和 SQ_6 的常闭触点均处于闭合状态。

2. **主轴电动机的控制**

（1）主轴电动机的正反转和点动控制

需要正转时，按下按钮 SB_2，中间继电器 KA_1 的线圈通电吸合并自锁，KA_1 的常开触点 KA_1（11-12）使接触器 KM_3 吸合。KM_1 线圈通电吸合后，其常开触点 KM_1（4-14）闭合，KM_4 随之吸合，其主触点将电动机的定子绕组接成三角形，电动机在全压下（KM_3 的主触点将 R 短接）直接正向启动，低速运行。

同样，当电动机需要反转时，按下按钮 SB_3，中间继电器 KA_2 通电吸合，使接触器 KM_3 吸合，接着接触器 KM_2、KM_4 相继通电吸合，电动机反向启动，低速运行。电动机正反转的点动控制由正反转的点动控制按钮 SB_4、SB_5 和正反转接触器 KM_1、KM_2 构成，此时电动机定子绕组串入降压电阻 R，三相定子绕组接成三角形低速点动。

（2）主轴电动机的高速低速转换的控制

低速时主轴电动机的定子绕组连接成三角形，高速时 M_1 的定子绕组接成 YY，转速提高一倍。

若电动机处于停车状态，需要电动机高速启动旋转时，将主轴速度选择手柄 SQ_7 置于高速档位，此时行程开关 SQ_7 被压下，其常开触点 SQ_7（12-13）闭合，这样在按下启动按钮 KM_3、线圈通电的同时，时间继电器 KT 的线圈也通电吸合。经过 1 ~ 3s 的延时后，其延时断开的常闭触点 KT（14-23）断开，KM_4 线圈断电，KM_4 的主触点断开，电动机断电；同时 KT 延时闭合的常开触点 KT（14-21）闭合，接触器 KM_5 通电吸合，KM_5 主触点闭合，将电动机 M_1 的定子绕组接成并重新接通三相电源，从而使电动机由低速运转变为高速运转，实现电动机按低速档启动再自动换接成高速档旋转的自动控制。

若电动机原来处于低速运转状态，则只需要将主轴速度选择手柄 SQ_7 置于高速档位，电动机经过 1 ~ 3s 的延时后将自动换接成高速档运行。

（3）主轴电动机停车制动的控制

主电动机在运行中，按下停止按钮 SB_1 可实现 M_1 的停车和制动。由 SB_1，速度继电器 KS 的常开触点，接触器 KM_1、KM_2 和 KM_3 构成主电动机的正反转反接制动的控制电路。若电动机 M_1 在高速正转运行时，速度继电器的正向常开触点 KS（14-19）闭合，为反接制动做好了准备。此时按下停止按钮 SB_1，其触点 SB_1（4-5）先断开，使 KA_1、KM_3、KT、KM_1 的线圈同时断电，随之 KM_5 的线圈也断电释放。KM1 断电，其主触点断开，电动机断电，同时 KM_1（19-20）闭合，为制动做准备。KT 线圈断电，其触点 KT（14-21）断开，KT（14-23）闭合，使电动机在低速运转的状态下进行制动。KM_3 断电，其主触点断开，限流电阻 R 串入主电动机的定子电路。停止按钮的常开触点 SB_1（4-14）闭合后，由于电动机的转速仍然很高，速度继电器的触点 KS（14-19）仍处于闭合状态。因此 KM_2 线圈通电吸合，其主触点闭合，将电动机的电源相序反接，其常开触点 KM2（4-14）闭合自锁。同时接通 KM_4 的线圈，KM_4 的主触点闭合，使电动机在低速下串入制动电阻进行反接制动。当电动机的转速下降到速度继电器的复位转速时（约 100r/min），速度继电器的常开触点 KS（14-19）断开，接触器 KM_2 断电，随之 KM4 也断电，电动机停转，反接制动过程结束。

在停车操作时，必须将停止按钮按到底，使 SB_1 的常开触点闭合，否则将没有反接制动停车，而是自由停车。

如果在 M_1 反转时进行制动，则速度继电器 KS 的反向旋转动作的常开触点 KS（14-15）闭合，使 KM_1、KM_4 吸合进行反接制动。

（4）主轴电动机主轴变速与进给变速的控制

主轴的各种转速是用变速操纵盘来调节变速传动系统而取得的。T68 卧式镗床的主轴变速和进给变速既可在主轴停车时进行，也可在电动机运行中进行。变速时为便于齿轮的啮合，主轴电动机在连续低速的状态下运行。

主轴变速时，只要将主轴变速操作盘的操作手柄拉出，与变速手柄有联系的行程开关 SQ_1 不受压而复位，使 SQ_1（5-10）断开，SQ_1（4-14）闭合，在主轴变速操作盘的操作手柄拉出没有推上时，SQ_2 受压，其常开触点 SQ_2（17-15）闭合。由于 SQ_1（5-10）断开，使 KM_3、KT 线圈断电而释放，KM_1（或 KM_2）也随之断电释放，电动机 M_1 断电，但在惯性的作用下旋转。由于 SQ_1（4-14）闭合，而速度继电器的正转常开触点 KS（14-19）或反转常开触点 KS（14-15）早已闭合，所以使 KM_2（或 KM_1）、KM_4 线圈通电吸合，电动机 M_1 在低速状态下串入电阻 R 进行反接制动。当转速下降到速度继电器复位时的转速（约 100/min）时，速度继电器的常开触点断开，制动过程结束。此时便可以转动变速操纵盘进行变速，变速后，将手柄推回原位，使 SQ_1 受压、SQ_2 不受压，SQ_1、SQ_2 的触点恢复到原来的状态，SQ_1（5-10）闭合，SQ_1（4-14）、SQ_2（17-15）断开，使 KM_3、KM_1（或 KM_2）、KM_4 的线圈相继通电吸合。电动机按原来的转向启动，而主轴则在新的转速下运行。

变速时，因齿轮卡住推不上时，行程开关 SQ_2 在主轴变速手柄推不上时，仍处于被压下的状态，SQ_2 的常开触点 SQ_2（17-15）闭合，速度继电器的常闭触点 KS（14-17）也已经闭合，通过回路“SQ_1（4-14）→KS（14-17）→SQ_2（17-15）→KM_2（15-16）→KM_1 线圈”使接触器 KM_1 通电，同时通过回路“SQ_1（4-14）→KT（14-23）→KM_5（23-24）→KM_4 的线圈”使 KM_4 通电，电动机在低速状态下串电阻正向启动。当转速升高到接近 130r/min 时，速度继电器又动作，KS（14-17）又断开，KM_1、KM_4 线圈断电释放，M_1 电动机断电，同时 KS（14-19）闭合，电动机被反接制动。当转速降到 100r/min 时，速度继电器又复位，KS（14-19）断开，KS（14-17）再次闭合，KM_1、KM_4 再次吸合，电动机 M_1 在低速状态下串电阻启动起来。这样电动机 M_1 在转速 100 ~ 130r/min 的范围内重复动作，直到齿轮啮合后，主轴变速手柄推上，SQ_2 不受压，SQ_1 受压为止，触点 SQ_1（4-14）断开，SQ_2（17-15）断开，变速冲动过程结束。

如果变速前主轴电动机处于停止状态，变速后主轴电动机也处于停止状态；若变速前主轴电动机处于低速运转状态，由于中间继电器 KA 仍保持通电状态，变速后主轴电动机仍然处于三角形连接的低速运转状态。如果电动机变速前处于高速正转状态，那么变速后，主轴电动机仍先接成三角形，经过延时后才进入 YY 的高速正转状态。

进给变速的控制和主轴变速控制的过程相同，只是拉开进给变速手柄，与其联动的行程开关是 SQ_3、SQ_4，当手柄拉出时 SQ_3 不受压，SQ_4 受压，手柄推上复位时，SQ_3 受压，SQ_4 不受压。

（5）快速进给电动机的控制

机床各部件的快速移动，由快速移动操作手柄控制，由快速移动电动机 M_2 拖动。运动部件及其运动方向的选择由装设在工作台前方的手柄操纵。快速操作手柄有“正向”“反向”和“停止”三个位置。当快速移动手柄向里推时，压合行程开关 SQ_9、接触器 KM_6 线圈通电吸合，快速进给电动机 M_2 正转，通过齿轮、齿条等机械机构实现快速正向移动。松开操纵手柄，SQ_9 复位，KM_6 线圈断电释放，电动机 M_2 停转。反之，将快速进给操纵手柄向外拉，压下行程开关 SQ_8，接触器 KM_7 通电吸合，电动机反向启动，实现快速反向移动。

（6）联锁保护装置

T68 镗床的运动部件较多，为防止机床或刀具损坏，保证主轴进给和工作台进给不能同时进行，将行程开关 SQ_5、SQ_6 并连接在 M_1 和 M_2 的控制电路中。SQ_5 是与工作台和镗头架自动进给手柄联动的行程开关，当手柄操纵工作台和镗头架进给时，SQ_5 受压，其常闭触点断开。SQ_6 是与主轴和平旋盘刀架自动进给手柄联动的行程开关，当手柄操纵主轴和平旋盘刀架自动进给时，SQ_6 受压，其常闭触点断开。而 M_1、M_2 必须在 SQ_5、SQ_6 中至少有一个处于闭合状态下才能工作，如果两个手柄都处在进给位置时，SQ_5、SQ_6 都断开，将控制电路切断，M_1 和 M_2 都不能工作，两种进给都不能进行，从而达到联锁保护的目的。

三、T68 镗床的电气故障与检修

1. 转轴的转速与转速指示牌不符

这种故障一般有两种现象：一是主轴的实际转速比标牌指示数增加一倍或减少一半；另一种是电动机的转速没有高速档或者没有低速档。前者大多是由于安装调整不当引起的，因为 T68 镗床有 18 种转速，是采用双速电动机和机械滑移齿轮来实现的。变速后，1，2，4，6，……档由电动机以低速运转驱动，而 3，5，7，……档由电动机以高速运转驱动。由电气原理图可知，主轴电动机的高低速转换是靠微动开关 SQ_7 的通断来实现的，SQ_7 安装在主轴调速手柄的旁边，主轴调速机构转动时推动一个撞钉，撞钉推动簧片使微动开关 SQ_7 通或断。如果安装调整不当，使 SQ_7 动作恰恰相反，则会使主轴的实际转速比标牌指示数增加一倍或减少一半。

后者主要的原因是行程开关 SQ_7 的安装位置移动，造成 SQ_7 始终处于接通或断开的状态，或者是由于时间继电器 KT 不动作或触点接触不良。如果 KT 或 SQ_7 的触点接触不良或接线脱落，则主轴电动机 M_1 只有低速；若 SQ_7 始终处于接通状态，则 M_1 只有高速。

2. 主轴变速手柄拉出后，主轴电动机不能产生冲动

若变速手柄拉出后，主轴电动机仍然以原来的转速和转向旋转，没有变速低速冲动，这是由于主轴的变速冲动是由与变速手柄有联动关系的行程开关 SQ_1 与 SQ_2 控制，而 SQ_1、SQ_2 采用的是 LXI 型行程开关，行程开关 SQ_1 的常开触点 SQ_1（5-10）由于质量等原因使绝缘被击穿而无法断开造成的。若变速手柄拉出后，M_1 能反接制动，但到转速为

零时，不能进行低速冲动，这往往是由于 SQ_1、SQ_2 安装不牢固，位置偏移，触点接触不良，使触点 SQ_1（4-14）、SQ_2（17-15）不能闭合或速度继电器 KS 的常闭触点 KS（14-17）不能闭合所致的。

3. **主轴电动机不能制动**

主要的原因是速度继电器损坏，其正转常开触点KS（14-19）和反转常开触点KS（14-15）不能闭合或者是由于 KM_2 或 KM_3 的常闭触点接触不良。

4. **主轴（进给）变速时手柄拉开不能制动**

主要原因是主轴变速行程开关 SQ_1（进给变速行程开关 SQ_3）的位置移动，以致主轴变速手柄拉开时，SQ_1（进给变速行程开关 SQ_3）不能复位。

5. **在机床安装接线后进行调试时，产生双速电动机的电源进线错误**

常见的错误之一是，将三相电源在高速运行和低速运行时，都接成同相序，造成电动机在高速运行时的转向和低速运行时的转向相反。常见的错误之二是，电动机在三角形连接时，把三相电源从 U_3、V_3、W_3 引入，而在接线时，把三相电源从 U_1、V_1、W_1 引入，这样将导致电动机不能启动，发出“嗡嗡”声并将熔体熔断。

四、检修技能训练

1. **实训目的**

（1）学习用通电试验的方法发现故障。

（2）学习故障分析的方法，并通过故障分析缩小故障范围。

（3）掌握双速电动机的接线方法并了解调速原理。

（4）排除 T68 镗床主电路或控制电路中人为设置的两个电气自然故障点。

2. **实训内容**

（1）充分了解机床的各种工作状态以及操作手柄的作用，并观察机床的操作。

（2）熟悉机床的电气元件的安装位置、布线情况以及操作手柄在不同位置时，行程开关的工作状态。

（3）人为设置故障点，指导学生从故障的现象着手进行分析，并采用正确的检查步骤和检查方法查出故障。

（4）设置两个故障点，由学生检查、排除，并记录检查的过程。

要求学生应首先根据故障现象，在原理图上标出最小故障范围，然后采用正确的步骤和方法在规定的时间内排除故障。排除故障时，必须修复故障点，不得采用更换电气元件、改动线路的方法。检修时严禁扩大故障范围或产生新的故障点。

3. **注意事项**

（1）操作前必须熟练地掌握电气原理图的各个环节。

（2）带电检修时，必须由指导教师在现场监护。

（3）若没有机床实物，则可事先在模拟板或试验台上按原理图安装控制线路，并按控制要求检查试车。试车时，首先要校验机床三相电源的进线相序是否正确，否则将产生主轴不能停车的故障。在模拟板上安装的行程开关只有 SQ_8，SQ_9 在手动操作后能自动复位，其他的行程开关都不能自动复位。

第八章 典型单相异步电动机控制线路的分析与检修

第一节 空调器起动控制线路的分析与检修

一、单相异步电动机的结构

在单相交流电源下工作的电动机称为单相电动机，按其工作原理和结构的不同可分为三大类，即单相异步电动机、单相同步电动机和单相串励电动机。单相异步电动机是利用单相交流电源供电，其转速随负载变化而稍有变化的一种小容量交流电动机。由于它结构简单、成本低廉、运行可靠、维修方便，并可以直接在单相 220 V 交流电源上使用，因此被广泛用于办公场所、家用电器等方面，在工农业生产及其他领域中也有应用，如空调器、吸尘器、电冰箱等普通家用电器；小型车床、钻床、水泵等工农业生产设备。单相异步电动机的不足之处是它与同容量的三相异步电动机相比较，则体积较大、运行性能较差、效率较低。因此，单相异步电动机一般只制成小型或微型系列，容量在几十瓦至几百瓦之间，千瓦级的较少见。

单相异步电动机的基本结构和三相异步电动机相仿，一般来说，也由定子和转子两大部分组成。

1. 定子

定子部分由定子铁芯、定子绕组、机座和端盖等部分组成，主要作用是通入交流电，产生旋转磁场。

（1）定子铁芯。

定子铁芯大多用 0.35 mm 硅钢片冲槽后叠压而成，槽形一般为半闭口槽，槽内则用以嵌放定子绕组定子铁芯的作用是作为磁通的通路。

（2）定子绕组。

单相异步电动机定子绕组一般都采用两相绕组的形式，即工作绕组（又称主绕组）和起动绕组（又称辅助绕组），工作绕组、起动绕组的轴线在空间相差 90°。两相绕组的槽数和绕组的匝数可以相同，也可以不同，视不同种类的电动机而定。定子绕组的作用是通入交流电，在定子、转子及空气院中形成旋转磁场。单相异步电动机中常用的定子绕组形式主要有单层同心式绕组、单层链式绕组、正弦绕组，这类绕组均属分布绕组。而单相罩极式电动机的定子绕组则采用集中绕组。定子绕组一般均由高强度聚酯漆包线事先在绕线模式上绕好后，再嵌放在定子铁芯槽内，并需进行浸漆、烘干等绝缘处理。

（3）机座与端盖。

机座一般均用铸铁、铸铝或钢板制成，其作用是固定定子铁芯，并借助两端端盖与转子连成一个整体，使转轴上输出机械能。由于单相异步电动机体积、尺寸都较小，且往往与被拖动机械组成一体，因而其机械部分的结构有时可与三相异步电动机有较大的区别，例如有的单相异步电动机不用机座，而直接将定子铁芯固定在前、后端盖中间，电容运行台扇电动机。也有的采用立式结构，且转子在外圆，定子在内圆的外转子结构形式。

2. 转子

转子部分由转子铁芯、转子绕组、转轴等组成，其作用是导体切割旋转磁场，产生电磁转矩，拖动机械负载工作。

（1）转子铁芯：与定子铁芯一样用 0.35 mm 硅钢片冲槽后叠压而成，槽内放置转子绕组，最后将铁芯及绕组整体压入转轴。

（2）转子绕组：单相异步电动机的转子绕组均采用笼形结构，一般均用铝或合金压力铸造而成。

（3）转轴：用碳钢或合金钢加工而成，轴上压装转子铁芯，两端压上轴承，常用的有滚动轴承和含油滑动轴承。

3. 单相异步电动机的铭牌

表 8–1　单相异步电动机的铭牌

单相电容运行异步电动机			
型号	D02–6314	电流	0.94A
电压	220 V	转速	1400 t min
频率	50 Hz	工作方式	连续
功率	90 w	标准号	
编号，出厂日期 ××××		××× 电机厂	

（1）型号及含义。

例如：DO2-6314

第七个数字代表规格代号，4 极；

第六个数字代表规格代号，1 号铁芯长；

第四、五个数字代表机座代号，轴中心高度 63mm；

第三个数字代表设计代号，第二次改型设计；

第二个数字代表系列代号，封闭式；

第一个数字代表系列代号，小功率单相电容运行异步电动机。

我国单相异步电动机的系列代号前后经过三次较重大的更新，目前生产的BO2、CO2、DO2系列均采用IEC国际标准，其功率等级与机座号的对应关系与国际通用，有利于产品的出口及与进口产品相替代。该系列产品电动机外壳防护形式均为IP44(封闭式)，采用E级绝缘，接线盒在电动机顶部，便于接线与维修。近期又研制生产了新型的YC系列单相电容起动异步电动机。

（2）功率：是指单相异步电动机轴上输出的机械功率，单位为w。

铭牌上标出的功率是指电动机在额定电压、额定电流和额定转速下运行时输出的功率，即额定功率。我国常用的单相异步电动机的标准额定功率为：6w、10w、16w、25W、40W、60W、90W、120W、180W、250W、370W、550W和750w。

（3）电压：是指电动机在额定状态下运行时加在定子绕组上的电压，单位为V。根据国家标准规定电源电压在+5%范围内变动时，电动机应能正常工作。电动机使用的电压一般均为标准电压，我国单相异步电动机的标准电压有12 V、24V、36V、42 V和220 V。

（4)电流:在额定电压、额定功率和额定转速下运行的电动机，流过定子绕组的电流值，称为额定电流，单位为A。电动机在长期运行时的电流不允许超过该电流值。

（5）转速：电动机在额定状态下运行的转速，单位为r/min。每台电动机在额定运行时的实际转速与铭牌规定的额定转速有一定的偏差。

（6）工作方式：指电动机的工作是连续式还是间断式。连续运行的电动机可以间断工作，但间断运行的电动机不能连续工作，否则会烧损电动机。

二、单相异步电动机的工作原理

1. 单相绕组的脉动磁场

首先来分析在单相定子绕组中通入单相交流电后产生磁场的情况。假设在单相交流电的正半周时，电流从单相定子绕组的左半侧流入，从右半侧流出，则由电流产生的磁场的大小随电流的大小而变化，方向则保持不变。当电流为零时，磁场也为零。当电流变为负半周时，则产生的磁场方向也随之发生变化。由此可见向单相异步电动机定子绕组通入相交流电后，产生的磁场大小及方向在不断地变化，但磁场的轴线固定不变，把这种磁场称为脉动磁场。

由于磁场只是脉动而不旋转，由此单相异步电动机的转子如果原来静止不动的话，则在脉动磁场作用下，转子导体因与磁场之间没有相对运动，而不产生感动电动势和电流，也就不存在电磁力的作用，因此转子仍然静止不动，即单相异步电动机没有起动转矩，不能自行起动。这是单相异步电动机的一个主要缺点。如果用外力去拨动一下电动机的转子，则转子导体就切割定子脉动磁场，从而有电动势和电流产生，并将在磁场中受到力的作用，与三相异步电动机转动原理一样，转子将顺着拨动的方向转动起来。因此要使单相异步电动势具有实际使用价值，就必须解决电动机的启动问题。

2. 两相绕组的旋转磁场

在单相异步电动机定子上放置在空间相差 90° 的两相定子绕组 U1-U2 和 Z1-Z2，向这两相定子绕组中通入在时间上相差约 90° 的两相交流电流，用与分析旋转磁场产生的相同方法进行分析，可知此时产生的也是旋转磁场。由此得出结论：

向在空间相差 90° 的两相定子绕组中通入在时间上相差一定角度的两相交流电则其合成磁场也是沿定子和转子空气隙旋转的旋转磁场。可见要解决单相异步电动机的起动问题，实质上就是解决气隙中旋转磁场的产生问题。

三、单相异步电动机的分类

单相异步电动机种类繁多，日常用的单相异步电动机大致分为两类，即分相式电动机和罩极式电动机，本线路中采用的是电容分相单相异步电动机，下面介绍电容分相单相异步电动机的基本知识。

1. 工作原理

在电动机定子铁芯上嵌放有两套绕组，即工作绕组（又称主绕组）和起动绕组（又称副绕组）。它们的结构相同或基本相同，但在空间的布置位置互差 90° 。在起动绕组中串入电容 C 后再与工作绕组并联接在单相交流电源上，适当选择电容 C 的容量，使流过工作绕组中的电流 i 与流过起动绕组的电流 i，在时间上相差 90° ，就满足了旋转磁场产生的条件，在定子转子及气隙间产生一个旋转磁场。单相异步电动机的笼型结构转子在该旋转磁场的作用下，获得起动转矩而旋转。但是只要当电动机一旦转动起来以后，起动绕组的存在与否就不起作用了。

2. 分类

电容分相单相异步电动机可根据起动绕组是否参与正常运行而分成三类，即电容运行单相异步电动机、电容起动单相异步电动机和双电容单相异步电动机。其中电容运行单相异步电动机是指起动绕组及电容始终参与工作的电动机。电容运行单相异步电动机结构简单，使用维护方便，只要任意改变起动绕组（或工作绕组）首端和末端与电源的接线，即可改变旋转磁场的转向，从而实现电动机的反转。电容运行单相异步电动机常用于吊式电风扇、电冰箱、洗衣机、空调器、通风机、录音机、复印机、电子仪表仪器及医疗器械等各种空载或轻载起动的机械上。电容运行单相异步电动机是应用最普遍的单相异步电动机。

四、任务实施

1. 空调器起动控制线路分析

空调器起动控制线路采用接触器控制的电容运行单相异步电动机正转。断路器 QF 的容量不宜选择过大，为电动机额定容量的 2~2.5 倍即可。

按下 SB2 起动按钮，电动机运转。需要停车时，按下停止按钮 SB1，其常闭触点断开，接触器 KM 线圈断电释放，主触点断开，电动机 DM 断电停转。

2. 常见故障诊断与处理（如表 8-2）

表 8–2 空调器起动控制线路的常见故障及处理方法

故障现象	可能原因	处理方法
空调器电动机 M 不能起动	1. 熔断器 FU 熔体熔断或接线松脱 2. 接触器 KM 的线圈进出线端子松脱 3. 按钮 SB1、SB2 的触点接触不良，导致接触器 KM 不吸合 4. 接触器 KM 主触点接触不良 5. 熔断器 FU1 熔体熔断或接线松脱 6. 起动电容损坏 7. 起动绕组断路	1. 更换同型号、同规格、同容量的熔断器或重新接线并紧固接线 2. 重新接线，使进出端子接线良好 3. 检查 SB1、SB2 触点接触不良的原因并处理，使其接触良好 4. 检查主触点接触不良的原因予以处理 5. 更换同型号、同规格、同容量的熔断器或重新接线并紧固接线 6. 更换起动电容 7. 修理起动绕组
空调器电动机起动后接触器 KM 不能自锁	接触器 KM 的自锁触点连接导线松脱或接触不良	紧固自锁触点的连接导线、修复接触器 KM 的自锁触点
空调器电动机不能停止	1. 接触器 KM 的主触点出现熔焊现象 2. 停止按钮被击穿	1. 处理熔焊的主触点或更换接触器 KM 2. 更换停止按钮

3. 罩极电动机的原理及起动

罩极电动机，是用短路环或短路线圈（统称罩极线圈）将电动机定子中部分磁极罩起来，利用罩极线圈产生旋转磁场而实现自行起动的电动机。罩极电动机根据定子结构形式的不同，主要分为凸极式和隐极式两种。

凸极式罩极电动机的定子用硅钢片叠成，做成凸极形式，在定子磁极 1/4~1/3 极面处开个小槽，定子绕组绕成集中绕组形式套在磁极上，两个磁极线圈串联起来，串联的次序应与产生的磁通方向一致，小槽把磁极分成两部分，在小部分上套装一个短路铜环，转子同普通异步电动机转子一样。

由于定子通入的是交流电，磁极中的磁通是交变的，穿过被短路环套住部分的磁通 Φ。因短路环感应电流的作用，将比磁通 ϕ，滞后一些时间达到最大值，这就相当于一个二相电动机，能使转子转动起来，转子的转向是从不被短路部分向被短路部分，转向不能改变。

4. 隐极式罩极电动机

隐极式罩极电动机的功率一般较大，电动机的定子铁芯用环形硅钢片叠压而成，齿槽内嵌有主绕组和副绕组，两者都是分布绕组，它的罩极线圈不是短路铜环，而是在部分线槽内同时嵌入几匝用粗铜线绕制而成的短路线圈。主绕组匝数多，嵌放在齿槽底层，罩极线圈匝数少，导线截面粗，嵌放在上层，并且接成闭合回路，而且使主绕组与罩极绕组在空间的相对位置错开一个角度（通常为 45°），以保证定子气隙中产生一个旋转磁场。

第二节 研磨机调速控制线路分析与检修

一、单相异步电动机的调速

单相异步电动机的调速原理与三相异步电动机一样可以用改变电源频率（变频调速）、改变电源电压（调压调速）和改变绕组的磁极对数（变极调速）等来达到调速的目的，研磨机调速控制线路采用的是调压调速，调压调速有两个特点：一是电源电压只能从额定电压往下调，因此电动机的转速也只能从额定转速往低调；二是因为异步电动机的电磁转矩与电源电压平方成正比，因此电压降低时，电动机的转矩和转速都下降，所以这种调速方法只适用于转矩随转速下降而下降的负载（称为通风机负载），如电风扇、鼓风机等。

二、调压调速分类

1. 串电抗器调速

电抗器为一个带轴头的铁芯电感线圈，串联在单相电动机电路中起降压作用，通过调节轴头使电压下降，从而使电动机获得不同的转速。当开关 SA 在 1 档时电动机转速最高，在 5 档时转速最低。开关 SA 有旋钮开关和琴键开关两种，这种调速方法接线方便、结构简单、维修方便，常用于简单的家用电器（如台式电风扇、吊式电风扇）中。缺点是电抗器本身消耗一定的功率，且电动机在低速档起动性能较差。

2. 自耦变压器调速

加载单相异步电动机上电压的调节可通过自耦变压器来实现。一种电路在调速时是使整台电动机降压运行，因此在低速档时起动性能较差。另一种电路在调速时仅使工作绕组降压运行，所以它的低速档起动性能较好，但接线复杂。

3. 绕组抽头法调速

该调速方法是在单相异步电动机定子铁芯上再嵌放一个调速绕组（又称中间绕组），它与工作绕组及起动绕组连接后引出几个抽头。中间绕组起调节电动机转速的作用。这样就省去了调速电抗器铁芯，降低了产品成本，节约了电抗器上的能耗，其缺点是使电动机嵌线比较困难，引出线头较多，接线也较复杂。用于电容电动机上的绕组抽头调速方法主要可分成 L 形和 T 形两大类，具体情况不再详细分析。

4. 电风扇无级调速

电风扇无级调速器在日常生活中随处可见，图 8-1 所示为其电路原理图，它主要由主电路和触发电路两部分构成，主电路是由风扇电容电动机和双向晶闸管 VT 组成的单相交流调压电路，触发电路是由氖管组成的简易触发器电路。在双向晶闸管两端并接的RC元件，为晶闸管的缓冲电路，是利用电容器两端电压瞬时不能突变的原理，起到晶闸管关断过电压的保护作用。

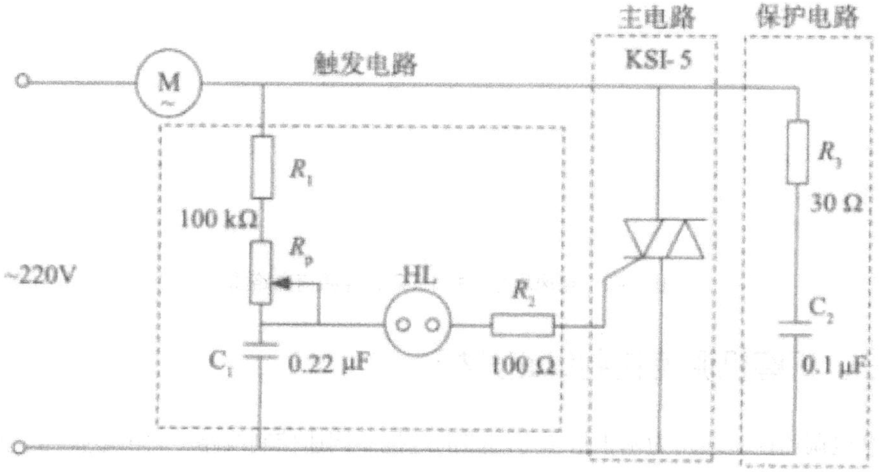

图 8–1　电风扇无级调速器电路图

只要调节触发器电路中电位器 R 的阻值，即可改变晶闸管 VT 的导通角，也就改变了风扇电动机两端的电压，因此电风扇的转速也随之改变。由于 R 是无级变化的，因此电风扇的转速也是无级变化的。

5. 电风扇的微风电路

在需要有微风档的电风扇中，常采用 PTC 元件调速的微风电路。所谓微风是指电动机的转速在 500 r/min 以下扇出的风，此时若采用普通的调速方法，电风扇在这样的低转速下是不能起动的，要实现电扇的微风运转，首先要解决低转速下的起动问题。简单的办法就是利用 PTC 元件的特性来解决这个问题。

采用 PTC 元件起动的微风档电路如图 8-2 所示。当按下“微”按键时，由于 PTC 元件处在室温状态，此时阻值很小（10~100Ω），在它上面的电压降也很小，电动机得到的是接近于“低”档的电压，开始起动。

在电风扇起动过程中，电流流过 PTC 元件，电流的热效应使 PTC 元件温度逐渐升高，当 PTC 温度超过居里点 TC 时，PTC 元件的电阻值急剧增加，它两端的电压值也随之增加，使电风扇电动机两端的电压很快下降，电风扇自动进入微风状态运行。

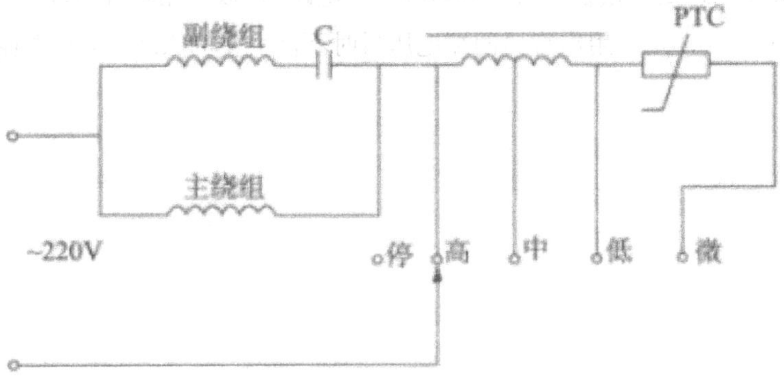

图 8–2　电风扇微风档 PTC 元件调速电路图

三、研磨机调速控制线路分析

研磨机调速控制线路为基于指示灯回路的电抗器调速控制线路，它由电抗器、互锁琴键开关、电容器、指示灯等组成，其控制线路如图 8-3 所示。

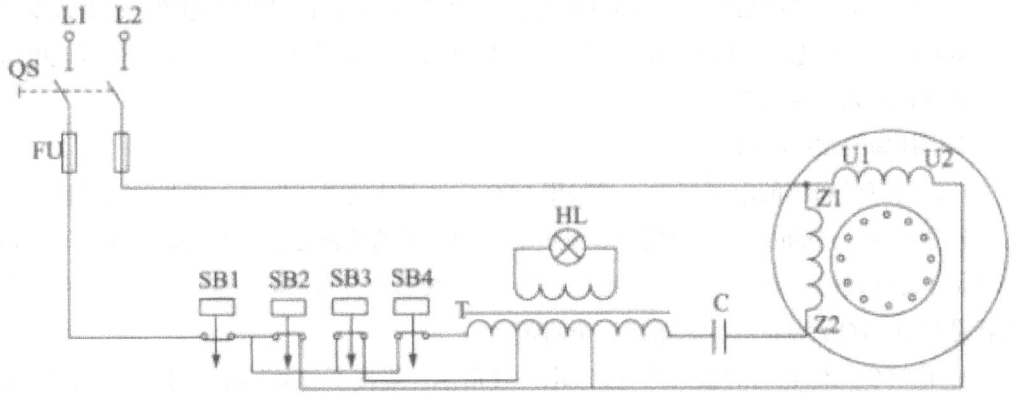

图 8-3 研磨机调速控制线路图

研磨机调速控制线路工作过程如下：

1. 合上刀开关 QS，主电路与电源接通。

2. 按下互锁琴键按钮 SB2，其常开触点 SB2 闭合自锁并互锁，电动机 M 通电起动。

由于按下按钮 SB2 时，电抗器绕组只有一小段串入起动绕组中，运行绕组上加的全电压，起动绕组也几乎加全电压，因此电动机运行在最高转速下。按下按钮 SB3 时，电抗器绕组的一部分串入工作绕组，串入起动绕组的电抗器绕组与按下 SB2 时也增加了，使起动绕组和工作绕组上所加的电压均比按下 SB2 时的电压低，则对应的转速为中速。

同理，按下按钮 SB4 时，串入的电抗器绕组最多，加在工作绕组和起动绕组上的电压最低，则对应的转速为低速。

常见故障诊断与处理（如表 8-3）

表 8–3　研磨机调速控制线路的常见故障及处理方法

故障现象	可能原因	处理方法
起动不了，有嗡嗡声	1. 电动机起动绕组断路 2. 起动电容损坏	1. 修理起动绕组 2. 更换起动电容器
运行时突然停转	1. 电动机负载过重 2. 电动机电流过大 3. 电动机断电 4. 绕组突然烧毁	1. 减轻负载 2. 减轻负载 3. 接通电源 4. 更换绕组
电动机转速过低	1. 电动机过载严重 2. 电压太低	1. 减轻负载 2. 升高电压
无法调速	调速开关损坏	在调速过程中用万用表测量电动机绕组上的电压是否变化，如不是，则更换调速装置

换气电风扇和吊式电风扇的常见故障及检修

换气电风扇和吊式电风扇是电风扇中使用最多、最普遍的两种，其常见故障及检修方法见表 8-4 和表 8-5。

表 8–4　换气电风扇的常见故障及检修方法

故障现象	故障原因	检修方法和措施
通电后不运转	1. 插头、开关、电源引线接触不良 2. 熔体熔断 3. 电动机工作绕组或起动绕组断路	1. 用万用表检查，如是，则修理或更换 2. 更换熔体 3. 用万用表测绕组直流电阻，如是则修理或更换
起动困难	1. 电容器击穿或失效 2. 电动机绕组存在匝间短路 3. 轴承润滑不良或有异物阻滞使电动机转动受阻	1. 用万用表测电容器，如损坏则更换 2. 摸电动机是否严重烫手，用万用表测电流是否过大，如是，则应修理绕组或更换 3. 拨扇叶，看转动是否灵活，如不灵活，则拆开检查修理
翻板开启不灵活	1. 翻板脱落或被卡住 2. 翻板上油污过多	1. 重新安装或修理 2. 清除翻板上的油污
噪声大	1. 扇叶松动 2. 轴承严重磨损 3. 轴承润滑不良	1. 重新固定好 2. 更换轴承 3. 清洗轴承，加润滑油

表 8–5 吊式电风扇的常见故障及检修方法

故障现象	故障原因	检修方法和措施
通电后不运转	1. 电源引线折断或熔体熔断 2. 电动机工作绕组或起动绕组断路 3. 调速器故障或调速开关故障	1. 检查电源引线或更换熔体 2. 用万用表测绕组直流电阻，如“∞”，则断路，修理或更换 3. 用万用表查电动机绕组上是否有电压，如无电压，则修理或更换调速开关
起动困难	1. 电容器击穿或失效 2. 电动机绕组存在匝间短路 3. 轴承润滑不良或有异物阻滞使电动机转动受阻	1. 用万用表测电容器，如损坏则更换 2. 摸电动机是否严重烫手，用万用表测电流是否过大，如是则应修理绕组或更换 3. 拨扇叶，看转动是否灵活，如不灵活，则拆开检查修理
扇叶摆动大	扇叶变形	更换扇叶
噪声大	1. 轴承缺油或严重磨损 2. 扇叶固定螺钉松动	1. 加润滑油或更换轴承 2. 重新固紧
无法调速	调速器或调速开关损坏	在调速过程中用万用表测量电动机绕组上的电压是否变化，如不是，则更换调速装置

第三节 洗衣机正反转控制线路分析与检修

一、单相异步电动机的反转

单相异步电动机的转向与旋转磁场的转向相同，因此要使单相异步电动机反转就必须改变旋转磁场的转向，其方法有两种：一种是把工作绕组（或起动绕组）的首端和末端与电源的接法对调；另一种是把电容器从一组绕组中改接到另一组绕组中（此法只适用于电容运行单相异步电动机）。

二、电容起动单相异步电动机的原理

前面已叙述，在单相异步电动机的单相定子绕组中通入单相交流电，则产生的是脉动磁场，如果转子原来是静止的，则转子导体不切割磁感线，就没有感应电动势和电流，没有起动转矩，电动机无法起动。但如用外力拨动转子，使转子旋转，则转子导体就切割磁感线而按拨动方向继续旋转。因此，当电动机一旦转起来以后，电容运行单相异步电动机的起动绕组和电容支路的存在与否就没有什么关系了。所谓电容起动单相异步电动机就是指这类电动机的起动绕组和电容只在电动机起动的时候起作用，当电动机起动即将结束时，将起动绕组和电容器从电路中切除。起动绕组的切除可以用在电路中的串联离心开关 S 来实现。电容起动单相异步电动机的起动转矩较大，起动电流也相应增大，因此它在洗衣机等满载起动的机械中适用。该离心开关由旋转部分和静止部分组成，旋转部分安装于电动机转轴上，与电动机一起旋转。而静止部分则安装在盖端或机座上，静止部分由两个相互绝缘的半圆形铜环组成（与机座及端盖也互相绝缘），其中一个半圆环接电源，另一个半圆环接起动绕组。电动机静止时，安装在旋转部分上的三个指形铜触片在拉力弹簧的作用下，分别压在两个半圆形铜环的侧面，由于三个指形铜触片本身是连通的，这样就使起动绕组与电源接通，电动机开始起动，当电动机转速达到一定数值后，安装于旋转部分的指形铜触片由于离心力而向外张开，使铜触片与半圆形铜环分离，即将起动绕组从电源上切除，电动机起动结束，投入正常运行。

三、洗衣机正反转控制线路的分析与检修

（一）洗衣机正反转控制线路分析

合上 QF，线路工作原理如图 8-4 所示

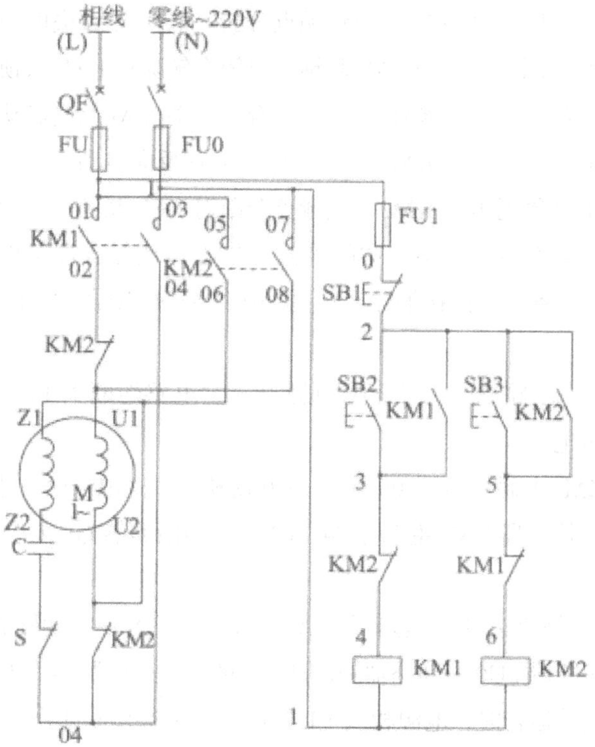

图 8–4　洗衣机正反转控制线路图

1. 电动机正向起动运转

主电路部分正向接触器 KM_1 主触点同时闭合。其正转工作过程如下：

按下 SB_2 → KM_1 线圈通电→ KM_1 主触点闭合→电动机 M 起动正转

按下 SB_2 → KM_1 线圈通电→ KM_1 自锁触点闭合→电动机 M 起动正转

按下 SB_2 → KM_1 线圈通电→ KM_1 联锁触点分断对 KM_2 联锁电源相线（L）→断路器 QF 闭合中的触点→主电路熔断器 FU →闭合中的接触器 KM_1 主触点 01、02 接通→

（1）接触器 KM_2 常闭触点→电动机主绕组 U1-U2 →接触器 KM_2 常闭触点→接触器 KM_1 主触点 04、03 接通熔断器 FU0 →断路器 QF 闭合中的触点→电源零线（N）；

（2）电动机起动绕组 Z_1-Z_2 →起动电容 C →离心开关 S →接触器 KM_1 主触点 04、03 接通→熔断器 FU0 →断路器 QF 闭合中的触点→电源零线（N）。

从而使这台单相电动机的起动绕组、主绕组同时获得交流 220V 的电源旋转（正向）起来，当转矩达到额定转矩的 80% 左右，离心开关 S 断开，切断了起动电容 C 电路，起动电容 C 失去作用。电动机起动结束，投入正向运行状态。

2. 电动机反向起动运转

采用改变主绕组极性接线的方法实现单相异步电动机反方向起动运转。其反转工作过程如下：

先按 SB_1 → KM_1 线圈断电→ KM_1 主触点分断→电动机 M 失电停转

先按 SB_1 → KM_1 线圈断电→ KM_1 自锁触点分断→电动机 M 失电停转

先按 SB_1 → KM_1 线圈断电→→ KM_1 联锁触点闭合解除对 KM_2 联锁

再按 SB_2 → KM_2 线圈通电→ KM_2 主触点闭合→电动机 M 反向启动

再按 SB_2 → KM_2 线圈通电→ KM_2 自锁→电动机 M 反向启动

再按 SB_2 → KM_2 线圈通电→ KM_2 联锁触点分断对 KM_1 联锁→电动机 M 反向启动

反向接触器 KM_2 动作时，主电路中的接触器 KM_2 常闭触点首先断开，为改变电动机主绕组接线方式做好准备。反向接触器 KM_2 主触点 05、06 闭合时，注意主绕组极性是改变的。

电源相线（L）→断路器 QF 闭合中的触点→主电路熔断器 FU →闭合中的接触器 KM_2 主触点电源侧带电→

（1）接触器 KM_2 主触点 05、06 接通→电动机主绕组 U_2-U_1 →接触器 KM_2（07、08）闭合的主触点→接触器 KM_1 主触点 04、03 接通→断路器 QF 闭合中的触点→电源零线（N）；

（2）电动机起动绕组 Z_1-Z_2 →起动电容 C →离心开关 S →接触器 KM_2 主触点 07、08 闭合中的主触点→熔断器 FU0 →断路器 QF 闭合中的触点→电源零线（N）。

主绕组在正向起动运转时，电源相线（L）先进入主绕组的端子 U_1，从主绕组端子 U_2 出来。在反向起动运转时则相反，电源相线（L）先进入主绕组的端子 U_2，从主绕组端子 U_1 出来。从而使这台单相电动机的起动绕组、主绕组同时获得交流 220V 的电源旋转起来，由于主绕组的极性的改变，电动机方向反向旋转。

当转矩达到额定转矩的 80% 左右，离心开关 S 断开，切断了起动电容 C 电路，起动电容 C 失去作用。电动机起动结束，投入反向运行状态。

（二）常见故障诊断与处理

表 8-6　洗衣机正反转控制线路常见故障及处理方法

故障现象	可能原因	处理方法
按下正转或反转起动按钮后整体无反应或部分线路有反应	辅助电路断路	电阻法测量，逐段查找有无断点
电动机不换相	主绕组 U_1-U_2 极性没有改变	换向时改变主绕组极性
交流接触器剧烈振动，主触点起弧，电动机时转时停	互锁触点联入了自己的线圈线路中	将 KM_1、KM_2 常闭触点串接到对方的线圈线路中去

参考文献

[1] 陈东林，刘克军 . 电机与电气控制技术及技能 . 北京：高等教育出版社，2015.

[2] 方涛 . 电机控制与调速技术 . 北京：北京理工大学出版社，2020.

[3] 付家才 . 电气控制实验与实践 . 北京：高等教育出版社，2004.

[4] 姜新桥 . 电机电气控制与 PLC 技术 . 西安：西安电子科技大学出版社，2016.

[5] 李金热，韩硕 . 电机与电气控制技术 . 西安：西北工业大学出版社，2018.

[6] 李坤，刘辉 . 电机与电气控制技术 . 北京：北京理工大学出版社，2017.

[7] 卢燕 . 电机与电气控制技术 . 东营：中国石油大学出版社，2009.

[8] 吕志香，王树梅 . 现代电气控制技术应用实践 . 北京：北京理工大学出版社，2020.

[9] 倪涛 . 电机与电气控制 . 武汉：华中科技大学出版社，2008.

[10] 钱厚亮 . 电气控制与 PLC 实训教程 三菱 . 东南大学出版社，2017.

[11] 王兵利，张争刚 . 电机与电气控制应用技术 . 西安：西安电子科技大学出版社，2014.

[12] 王玲 . 电机与电气控制技术 . 成都：电子科技大学出版社，2019.

[13] 王浔 . 机电设备电气控制技术 . 北京：北京理工大学出版社，2018.

[14] 王勇 . 电机与控制 . 北京：北京理工大学出版社，2016.

[15] 吴程 . 电气控制技术 常用电机控制与调速技术 . 北京：高等教育出版社，2008.

[16] 肖莹 . 电机及电气控制技术 . 北京：高等教育出版社，2013.

[17] 许明清 . 电气工程及其自动化实验教程 . 北京：北京理工大学出版社，2019.

[18] 许志军，王光福 . 电气自动化控制技术实训教程 . 成都：电子科技大学出版社，2011.

[19] 杨林建 . 机床电气控制技术 . 北京：北京理工大学出版社，2016.

[20] 叶建雄，贾昊，张朝兰 . 电气控制与 PLC 应用技术 . 成都：电子科技大学出版社，2019.

[21] 袁维义，陈锐 . 电机与电气控制技术 . 北京：北京理工大学出版社，2013.

[22] 袁忠 . 电机拖动及机床电气控制技术应用 . 北京：高等教育出版社，2014.

[23] 张立，苏杰仁 . 电机与控制 . 成都：电子科技大学出版社，2016.

[24] 赵安 . 电气控制与 PLC 项目化教程 . 上海：上海交通大学出版社，2012.

[25] 赵勇，胡建平 . 电机与电气控制技术 . 成都：西南交通大学出版社，2017.
[26] 卓书芳 . 电机与电气控制技术项目教程 . 北京：机械工业出版社，2016.
[27] 邹建华，李大明 . 电机与电气控制技术 . 武汉：华中科技大学出版社，2019.